人人伽利略系列 16

# 死亡是什麼

## 從生物學看生命的極限

人 人 出 版

人人伽利略系列 16

# 死亡是什麼？
從生物學看生命的極限

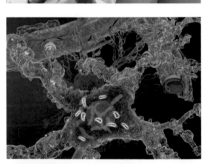

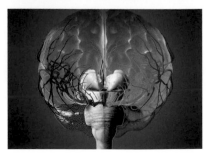

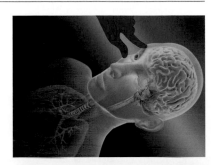

# 老化的機制

協助　石川冬木／遠藤昌吾／小川純人／重本和宏

隨著年紀增長，每個人或多或少都會察覺到一些老化的徵兆，跟年輕時相比，記憶力變差、動作變得不靈活、外觀看起來也變老了。這些老化現象究竟是由什麼機制引起的呢？有沒有方法能預防老化呢？

　　這一章會逐一探討隨著年齡遞增所面臨的老化現象。

# 老化從20歲就已經開始

日本東京都健康長壽醫療中心研究腦部老化與記憶的遠藤昌吾博士說道:「人通常到了40、50歲之後,才會在日常生活中自覺到腦部的老化,不過腦神經細胞約從20歲就開始逐漸減少。雖然有個體差異,但神經細胞約以每年0.5%的速度流失。此外,腦部的判斷力在30歲左右達到顛峰後,也會慢慢衰退。」神經細胞於出生前後急遽增加,到成人時數量可達一千多億個,之後幾乎不會再增生。

透過神經細胞之間的訊號傳遞,腦部能夠執行各式各樣的功能。如果有新資訊進入腦部,神經細胞會形成新的迴路、改變連結的方式,或是改變既有迴路的寬窄、訊號傳遞的強弱。神經細胞能夠視狀況而變化的性質,稱為「可塑性」。人之所以能在經過不斷地練習,做到原本做不到的事,或是透過反覆複習加強記憶,都是因為可塑性改變與動作、記憶相關之神經細胞連結的緣故。

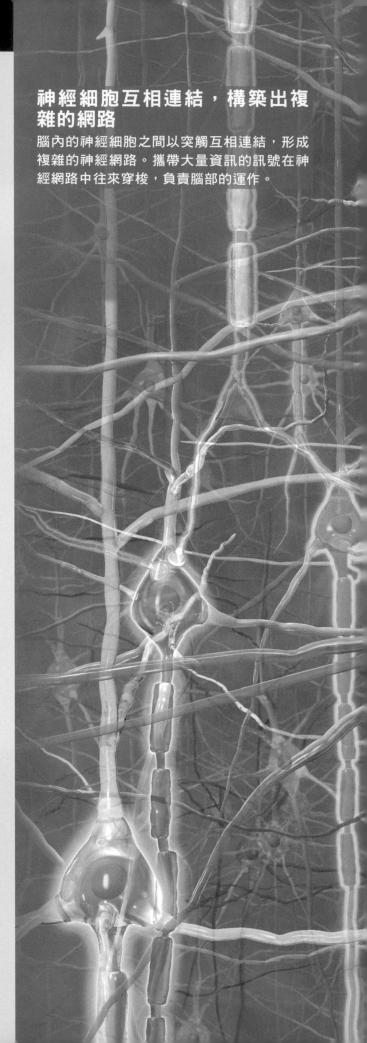

**神經細胞互相連結,構築出複雜的網路**
腦內的神經細胞之間以突觸互相連結,形成複雜的神經網路。攜帶大量資訊的訊號在神經網路中往來穿梭,負責腦部的運作。

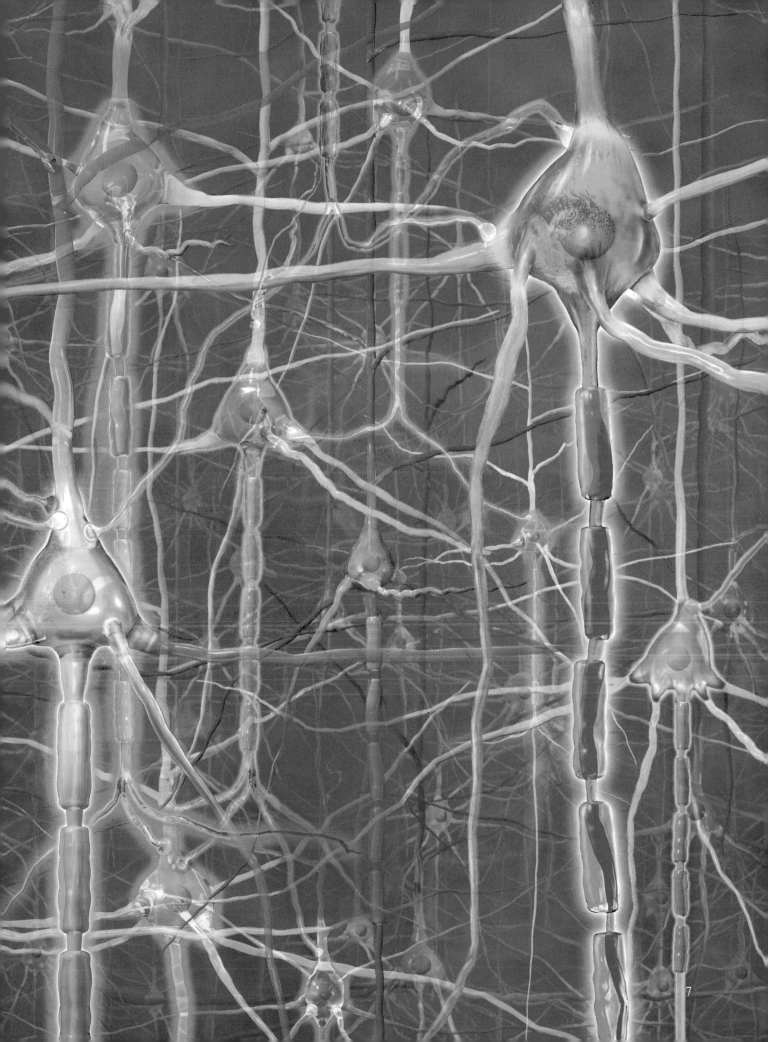

# 何謂引發記憶力衰退等現象的腦部老化？

　　記不住新的事物、老是忘東忘西，就是神經細胞功能下降的明顯證據。隨著年齡增加，腦神經細胞的連結變弱，負責接收訊號的「樹突棘」（dendritic spine）縮小，訊號傳遞的機制出現異常（請參照右方插圖），也就是所謂的「腦部老化」。

　　記憶的運作方式雖然還有許多未解的部分，但如今已經知道，如果要記住一件新事物並牢記不忘，必須建立起與該記憶相關的神經細胞連結。當腦部老化導致神經細胞的可塑性降低，不易形成新的神經細胞連結，記憶也就更難固定下來。

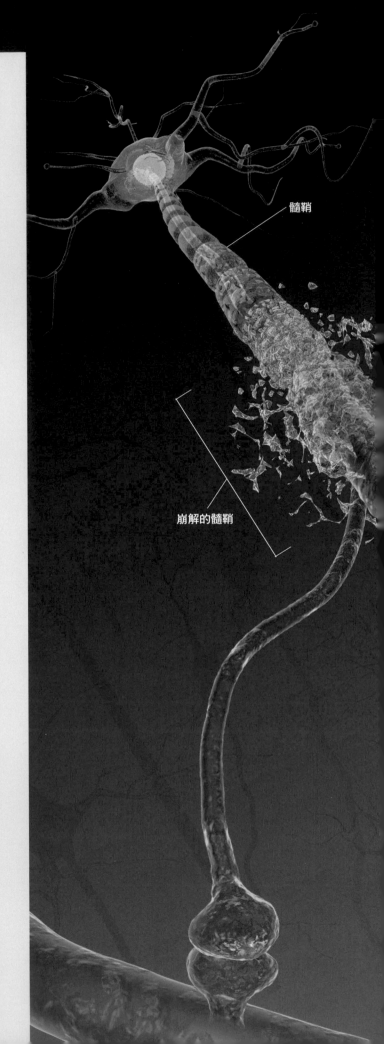

髓鞘

崩解的髓鞘

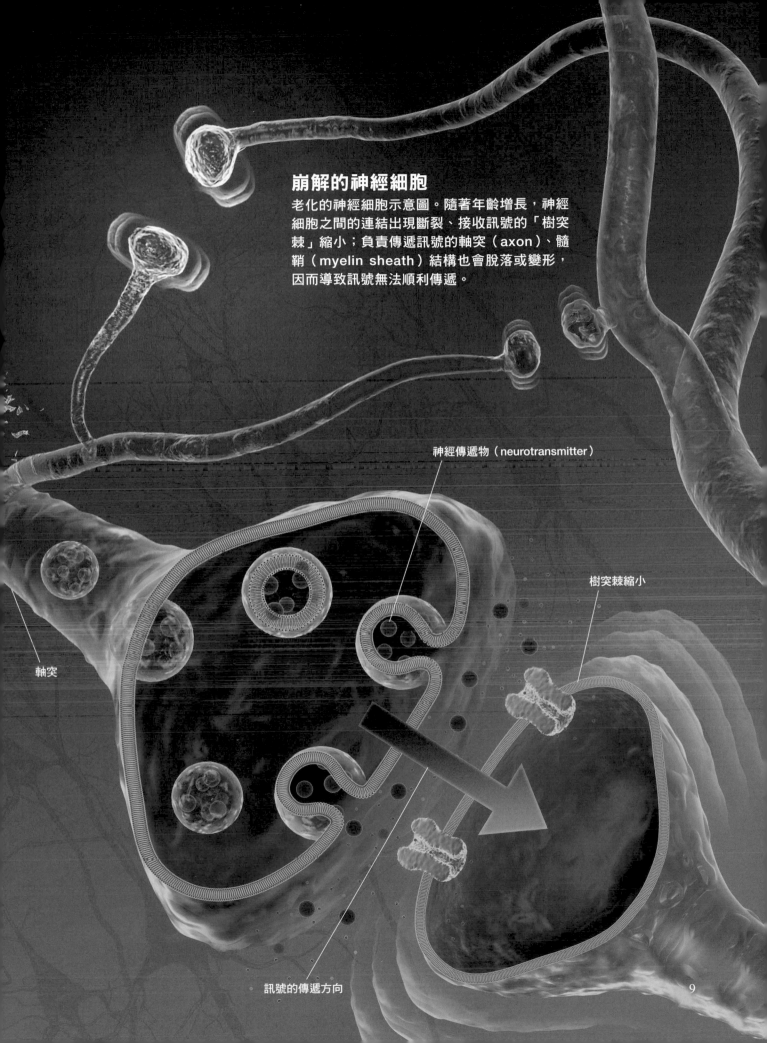

**崩解的神經細胞**

老化的神經細胞示意圖。隨著年齡增長，神經細胞之間的連結出現斷裂、接收訊號的「樹突棘」縮小；負責傳遞訊號的軸突（axon）、髓鞘（myelin sheath）結構也會脫落或變形，因而導致訊號無法順利傳遞。

神經傳遞物（neurotransmitter）

樹突棘縮小

軸突

訊號的傳遞方向

9

# 預防忘東忘西的重點，在於善用記憶的關聯性

遠藤博士表示：「在記東西的名稱時，不要光是記住單詞，不妨像玩聯想遊戲般找出其中的相互關係，透過與腦中既存記憶之間的關聯性，讓記憶更容易固定下來。」舉例來說，在記「蘋果」這個詞時，連同「紅色」、「水果」、「酸酸甜甜」等相關資訊一起記下來，之後再回想「蘋果」時，就可以沿著「紅色」、「水果」等相關線索提取目標記憶。這種關聯性記

憶，也和神經細胞之間的訊號傳遞有關。據遠藤博士的說法，如果經由神經細胞連結較弱的迴路提取記憶，容易想不起來。連結較弱的迴路，代表連結記憶間的「纖維」較細（右頁下方插圖），因此無法順利提取目標記憶。不過，有時卻會在某個狀況下突然想起已經忘記的事物，這是由於碰巧刺激到與目標記憶具有強烈關聯性（連結記憶的「纖維」較粗）的神經細

## 相關資訊的記憶相互連結後在腦中形成迴路

腦部在記憶的時候，會透過神經細胞之間的訊號傳遞，連同相關的資訊一起記下來。如果迴路的神經細胞連結較強，就可從相關資訊中將目標記憶順利提取出來。

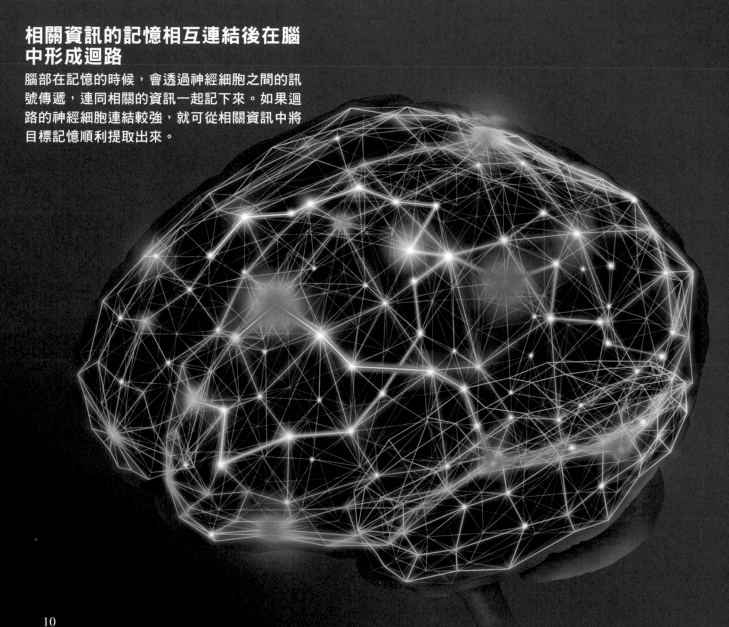

胞迴路，才喚起了記憶。

　　遠藤博士表示：「為了維持記憶力，最好能找出與該事物相關的各種訊息（例如五感）。如果提取目標記憶的神經細胞迴路不只一條，即使因老化導致神經細胞的連結變弱，造成無法經由某條路徑提取記憶，也可以改由別條路徑順利回想起來。」

　　只要持續使用，神經細胞之間的連結就不容易衰退。因此如「住家位置」之類，生活上所需的必要記憶其實不太會忘記。「相反的，會遺忘的記憶就是目前生活中不必要的記憶，即便忘了也無須過於煩惱」（遠藤博士）。

　　另一方面，罹患失智症的老年人有時會出現迷路、徘徊的情形，或是忘記吃飯。目前已經知道，阿茲海默症是因為腦內堆積過多的「β類澱粉蛋白」（beta amyloid）才導致發病，甚至連攸關性命的重要記憶也會喪失。伴隨老化而來的記憶力衰退，與阿茲海默症及其他失智症所造成的記憶喪失，兩者的狀況基本上是不一樣的。

## 關聯性的記憶方式因人而異

人的記憶是以各資訊間相互關聯的狀態保存著。神經細胞的連結方式可以創造出各式各樣的關聯性記憶。因此，比起只知道長相和姓名，如果連對方的談吐、出生地、興趣等都能掌握的話，更容易記住對方。相關的資訊越多，喚起記憶的契機就越多。

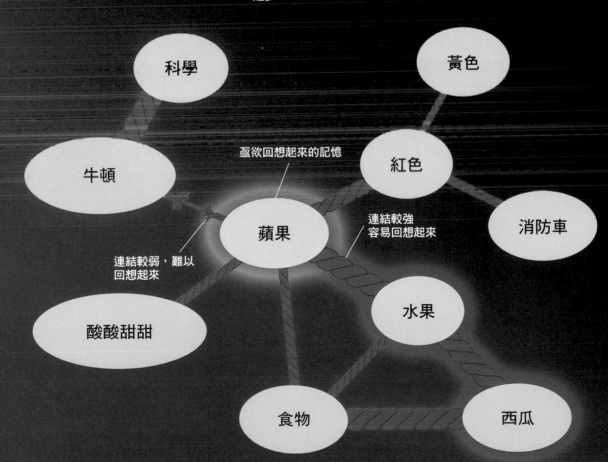

科學

黃色

牛頓

迫欲回想起來的記憶

紅色

消防車

連結較強
容易回想起來

蘋果

連結較弱，難以
回想起來

水果

酸酸甜甜

食物

西瓜

# 因「腦部」老化導致「身體」動作不協調

　　腦部的老化不會只影響人名、場所的記憶，如果一段時間沒有運動，可能很多人都會覺得「活動能力不如以前」。除了肌力、體力衰退之外，隨著腦部老化，執行身體動作的訊號傳遞速度或強度、肌肉與神經的連接機能降低，甚至會失去「運動記憶」（編註：使用肌肉完成動作的記憶）。因此，即使腦部跟以前一樣發出訊號，活動能力卻無法不如以往。

　　職業運動選手的巔峰大多落在20～34歲之間，依競技的種類而異。可能會出現自己預計的動作與實際的動作有所出入，卻無法順利修正而影響到運動的表現。當年紀漸漸增長，一般人在實際生活中也開始會感受到肌肉動作的變化。手臂無法舉高、腳抬得不夠高，導致稍有高低落差就會被絆倒，或是動作不夠靈活、反應的速度變慢，都是不能隨心所欲控制動作的證據。

## 腦部老化也會對一般的身體動作、運動表現造成影響

身體是依照腦部所發出的訊號來進行動作,因此當腦部老化,身體的動作也會跟著出現老化的現象。職業運動選手則會在更早的時候,就會察覺到老化對於運動表現的影響。

# 老花眼、白內障都起因於水晶體的變化

為什麼隨著年紀漸長，視力也會跟著衰退呢？關鍵就在於眼睛的主要結構「水晶體」（lens）。水晶體能讓進入眼睛的光線發生折射，並調整焦距。

當我們眺望遠方時，在正常情況下，眼睛會自動調節焦距，使我們看得清楚。此時，眼底負責折射光線的水晶體會變薄，但當視線回到手中雜誌的文字時，水晶體則會變厚。

水晶體是如何控制厚薄變化的呢？請對照下方的插圖了解一下吧！

水晶體有如質地較硬的果凍，組織的表面有層薄膜，內部具有彈性。虹膜（iris）後方

## 負責調節焦距的水晶體，是導致老花眼、白內障的原因

我們不論看遠看近都能順利對焦，靠的就是水晶體。水晶體變厚，增加光線的折射率，使光線集中在視網膜上，就可以對焦近物。

隨著年紀越大，水晶體也逐漸發生變化。水晶體無法變厚、難以對焦近物的狀態即老花眼，水晶體出現白濁的現象就是白內障。

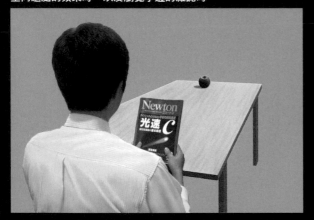

望向遠處的蘋果時，以及瀏覽手邊的雜誌時

在遠處的蘋果所反射的光線

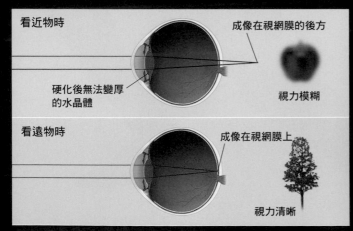

看近物時

成像在視網膜的後方

硬化後無法變厚的水晶體

視力模糊

看遠物時

成像在視網膜上

視力清晰

由手邊的雜誌所反射的光線

### 老花眼是因水晶體異常而引起

「眼睛無法對焦（難以對焦）」的老花眼，主要的原因在於水晶體。上方插圖為老花眼形成機制的示意圖，插圖中是以正視為例，老花眼在遠看時並非一定比較清晰。

的「睫狀體」（ciliary body）和水晶體，是由多條纖維所組成的「睫狀小帶」（zonula ciliaris）相連。睫狀小帶的鬆緊度受到睫狀肌的調節，水晶體的厚薄也因此而改變。

孩童的水晶體最富彈性，隨著年紀遞增會慢慢變硬。水晶體硬化後彈性變差，看近物時難以對焦，這就是所謂的「老花眼」（presbyopia）。此外，年過40歲後水晶體逐漸出現白濁的現象，視野變得模糊不清，也就是「白內障」（cataract）。

水晶體之所以硬化、變得混濁，是因為組成水晶體的蛋白質結構改變了。硬化的水晶體如同煮熟的蛋白，原本柔軟透明的蛋清變成凝固的白色物體。蛋白質結構發生變化的原因，則與包括陽光在內的紫外線等諸多因素有關。

根據統計，超過六成60歲以上的人患有程度不等的白內障。

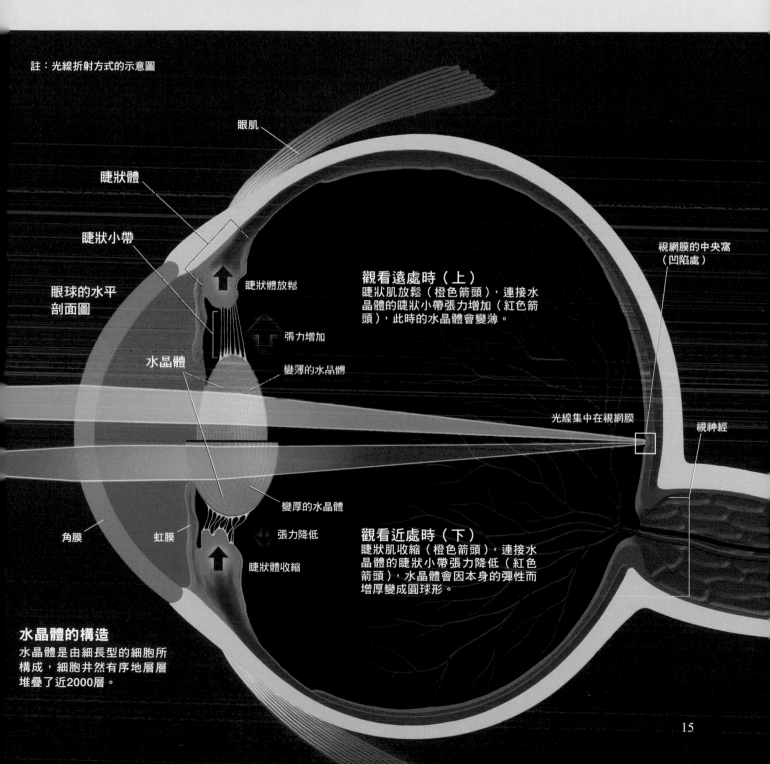

註：光線折射方式的示意圖

眼肌

睫狀體

睫狀小帶

眼球的水平剖面圖

水晶體

角膜　　　虹膜

睫狀體放鬆

張力增加

變薄的水晶體

**觀看遠處時（上）**
睫狀肌放鬆（橙色箭頭），連接水晶體的睫狀小帶張力增加（紅色箭頭），此時的水晶體會變薄。

變厚的水晶體

張力降低

睫狀體收縮

**觀看近處時（下）**
睫狀肌收縮（橙色箭頭），連接水晶體的睫狀小帶張力降低（紅色箭頭），水晶體會因本身的彈性而增厚變成圓球形。

視網膜的中央窩（凹陷處）

光線集中在視網膜

視神經

**水晶體的構造**
水晶體是由細長型的細胞所構成，細胞井然有序地層層堆疊了近2000層。

# 在視網膜重要區域出現異常的「老年性黃斑部病變」

視網膜（retina）位於眼睛的底層，負責接收光線並進行成像，正中央是內含大量黃斑色素的「黃斑部」（macular），中心點稱為中央窩（fovea）。中央窩是掌管視力、辨色力的感光細胞高度集中的區域，因此當黃斑部出現異常，就會造成視力衰退、看東西時有暗點。

「老年性黃斑部病變」（age-related macular degeneration，AMD或ARMD）是黃斑部病變的一種，是美國成人失明的主要原因，近年來日本的患者數也在增加中。老年性黃斑部病變的病因尚未完全明瞭，但一般認為與視網膜後方隨著年齡增長的老廢物質堆積以及吸菸有關。由於視網膜中央的黃斑部受到損傷，導致視野中心扭曲變形、出現黑影。

老年性黃斑部病變主要分為兩種類型。一種是黃斑部下方長出了脆弱的新生血管，破裂出血後造成視網膜剝離的「溼性老年性黃斑部病變」。另一種是視網膜後方的「色素上皮細胞」凋亡所致的「乾性老年性黃斑部病變」，老廢物質堆積大多屬於此類型。

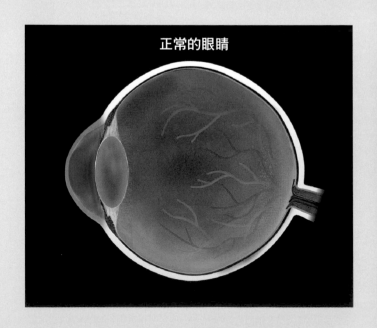

正常的眼睛

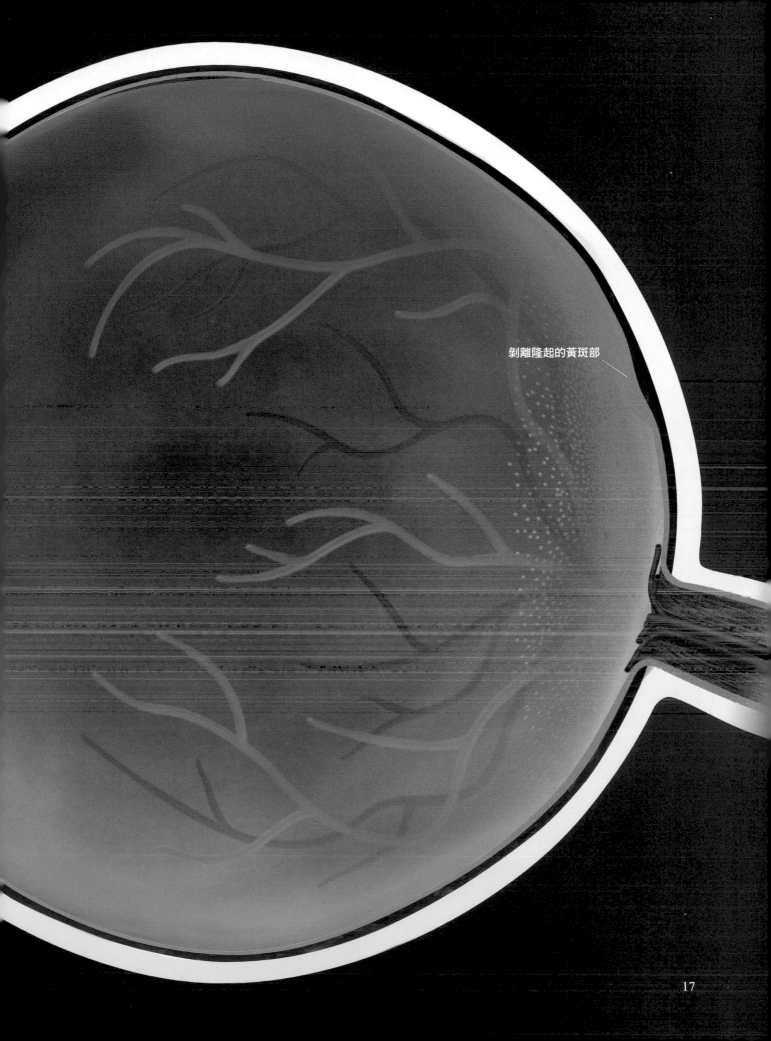

剝離隆起的黃斑部

# 肌肉伸縮的能量來源有二個管道

　　一提到老化，或許會有人直接想到肌力的下降。肌肉是由多個細胞融合而成，形狀細長呈纖維狀（肌細胞）。此纖維狀的細胞能發揮如橡膠般的伸縮能力。

　　肌肉伸縮的能量來源，大致可分成二個管道。一個是碳水化合物分解成「葡萄糖」後，經由「糖解作用」（glycolysis）生成可直接供應細胞能量的ATP（腺苷三磷酸）。另一個是透過活化胞器「粒線體」（mitochondrion）來製造ATP（右方插圖）。

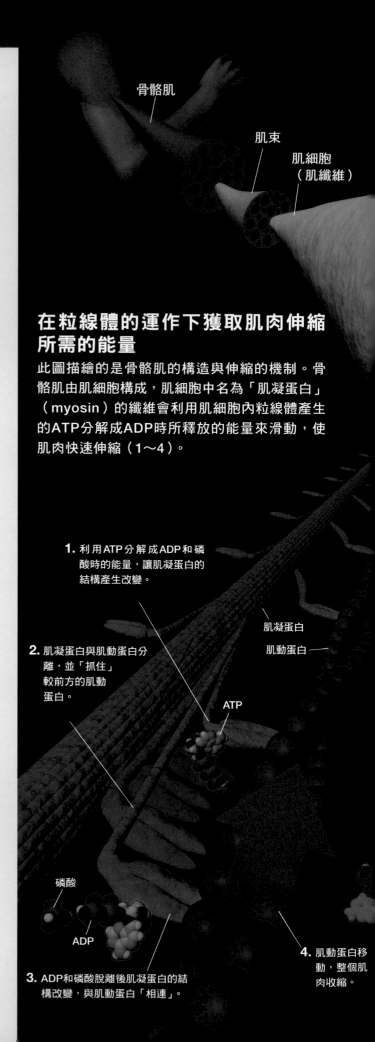

## 在粒線體的運作下獲取肌肉伸縮所需的能量

此圖描繪的是骨骼肌的構造與伸縮的機制。骨骼肌由肌細胞構成，肌細胞中名為「肌凝蛋白」（myosin）的纖維會利用肌細胞內粒線體產生的ATP分解成ADP時所釋放的能量來滑動，使肌肉快速伸縮（1～4）。

骨骼肌

肌束

肌細胞（肌纖維）

**1.** 利用ATP分解成ADP和磷酸時的能量，讓肌凝蛋白的結構產生改變。

肌凝蛋白

肌動蛋白

**2.** 肌凝蛋白與肌動蛋白分離，並「抓住」較前方的肌動蛋白。

ATP

磷酸

ADP

**3.** ADP和磷酸脫離後肌凝蛋白的結構改變，與肌動蛋白「相連」。

**4.** 肌動蛋白移動，整個肌肉收縮。

粒線體

胞核

肌動蛋白

肌凝蛋白

細胞核

ADP

# 肌肉的衰退從「快縮肌」開始

經由糖解作用製造ATP的所需時間，約為粒線體製造ATP所需時間的百分之一。因此需要瞬間爆發力（大量消耗能量）的時候，會透過糖解作用來生成ATP。

另一方面，粒線體一次反應能合成的ATP產量，是糖解作用生成ATP產量的10倍以上。雖然較費時，但能量的生產效率非常高，所以需要肌肉長時間、持續出力的運動，主要是由粒線體來製造ATP。

ATP生成方式的不同，其實也與「快縮肌」（fast twitch muscle）、「慢縮肌」（slow twitch muscle）的肌肉特性不同有關。能發

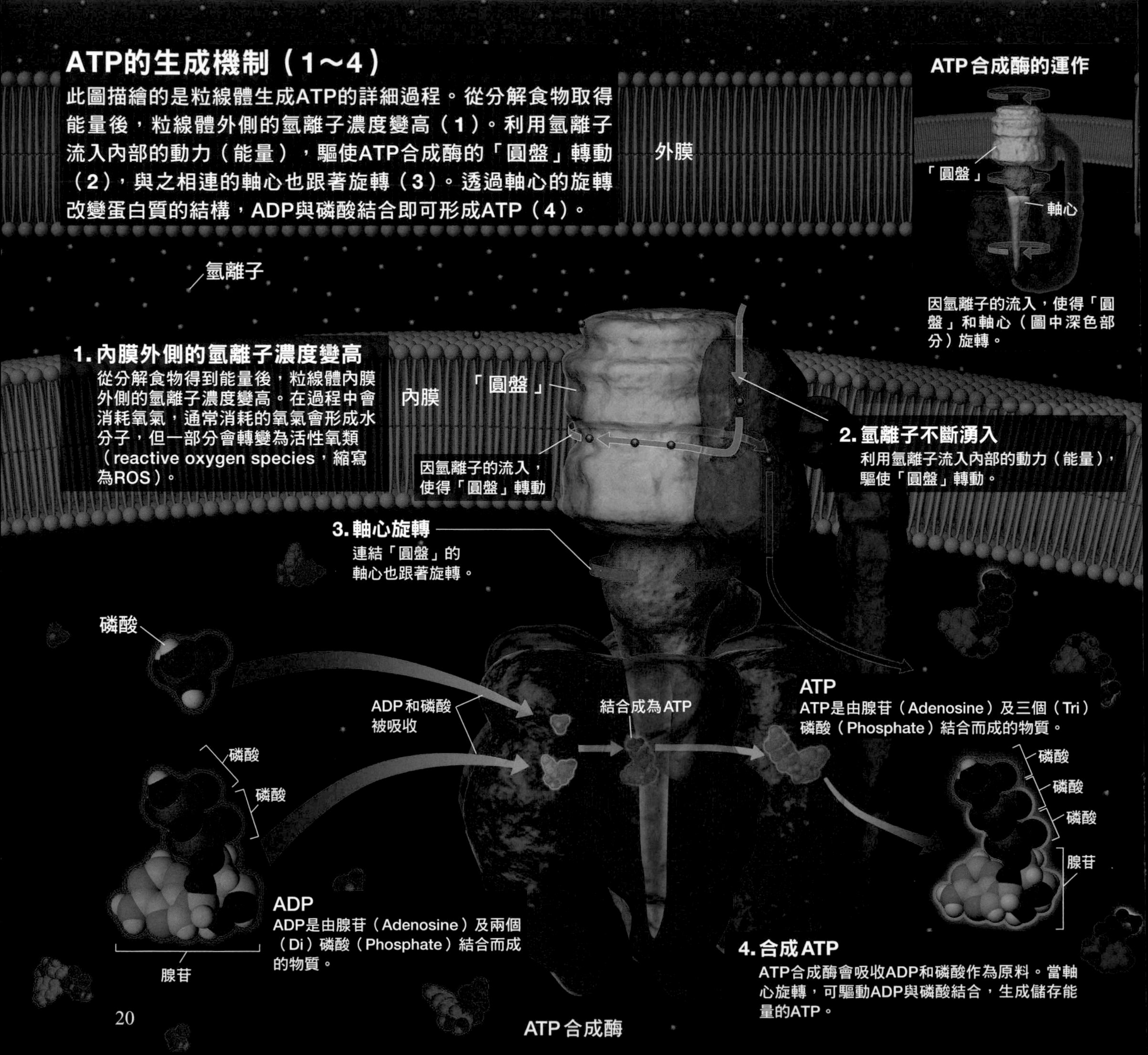

## ATP的生成機制（1～4）

此圖描繪的是粒線體生成ATP的詳細過程。從分解食物取得能量後，粒線體外側的氫離子濃度變高（1）。利用氫離子流入內部的動力（能量），驅使ATP合成酶的「圓盤」轉動（2），與之相連的軸心也跟著旋轉（3）。透過軸心的旋轉改變蛋白質的結構，ADP與磷酸結合即可形成ATP（4）。

**外膜**

### ATP合成酶的運作

「圓盤」

軸心

因氫離子的流入，使得「圓盤」和軸心（圖中深色部分）旋轉。

氫離子

**1. 內膜外側的氫離子濃度變高**
從分解食物得到能量後，粒線體內膜外側的氫離子濃度變高。在過程中會消耗氧氣，通常消耗的氧氣會形成水分子，但一部分會轉變為活性氧類（reactive oxygen species，縮寫為ROS）。

內膜　「圓盤」

因氫離子的流入，使得「圓盤」轉動

**2. 氫離子不斷湧入**
利用氫離子流入內部的動力（能量），驅使「圓盤」轉動。

**3. 軸心旋轉**
連結「圓盤」的軸心也跟著旋轉。

磷酸

ADP和磷酸被吸收

結合成為ATP

**ATP**
ATP是由腺苷（Adenosine）及三個（Tri）磷酸（Phosphate）結合而成的物質。

磷酸

磷酸

磷酸

磷酸

磷酸

腺苷

**ADP**
ADP是由腺苷（Adenosine）及兩個（Di）磷酸（Phosphate）結合而成的物質。

腺苷

**4. 合成ATP**
ATP合成酶會吸收ADP和磷酸作為原料。當軸心旋轉，可驅動ADP與磷酸結合，生成儲存能量的ATP。

ATP合成酶

揮瞬間爆發力的快縮肌，是以效率差但可短時間完成、透過糖解作用所產生的ATP為主。相反的，能發揮持久力的慢縮肌，則是仰賴粒線體持續製造ATP。

　　日本東京都健康長壽醫療中心、研究肌力下降和「肌少症」（後述）的重本和宏博士，認為肌肉的老化是從30～40歲開始。肌肉平常會不斷進行合成與分解，保持一定的質與量。透過使用肌肉可以促進肌肉的合成，肌肉如果沒有使用，分解的比例增加，肌肉量就會減少。骨折必須靠拐杖助行時，就會造成肌力大幅下降。此外，年紀增長，人會避免從事較激烈的運動，所以平常使用慢縮肌的比例變多，快縮肌則逐漸衰退。

## 因年齡遞增而衰退的肌肉

下方是年輕人與老年人的肌肉剖面圖。年輕人的肌肉，肌束內的肌纖維密度高，肌纖維木身也較粗。老年人的肌肉，肌肉的合成減少，肌纖維變細。尤其是日常生活中不太使用的快縮肌，更容易變細。隨著年紀增長，有時肌纖維與神經間的連結也會開始惡化。

年輕人的肌肉

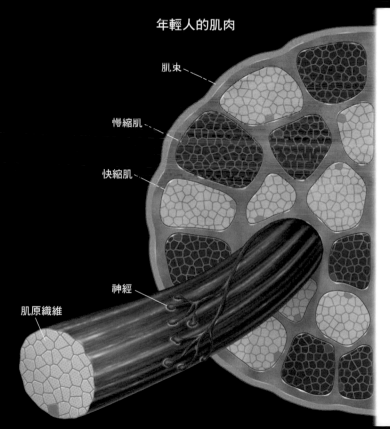

肌束

慢縮肌

快縮肌

神經

肌原纖維

老年人的肌肉

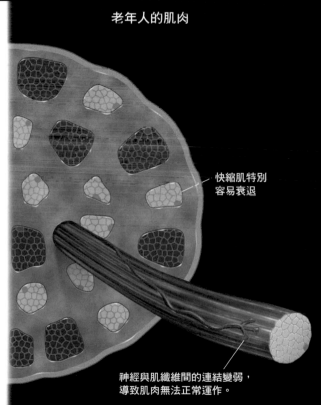

快縮肌特別
容易衰退

神經與肌纖維間的連結變弱，
導致肌肉無法正常運作。

# 可透過無意義的動作防止肌肉老化

　　一旦快縮肌和慢縮肌的平衡失調,遇到突發狀況時,可能無法產生足夠的力量。「年紀越大,要將已經流失的肌肉重新鍛鍊回來也越發困難,因此重點應該放在平時就讓身體習慣各式各樣的動作,盡量避免快縮肌和慢縮肌的肌肉量流失。小孩子總是跑來跑去、蹦蹦跳跳,做些無意義的動作,從可以運用到多種不同部位肌肉的層面來看,這些身體動作其實是相當重要的」(重本博士)。

# 肌肉的衰退，有時也攸關個體的生命維持

　　隨著年紀越大，快縮肌減少、慢縮肌的比例增加，也是造成食慾不振的原因之一。由於慢縮肌生產ATP的效率較高，一旦慢縮肌的比例增加，即便食物攝取量較少，也能確保足夠的所需能量。當然，伴隨著老化而來的內臟功能衰退，也是導致食慾不振的因素。

　　此外，如果因為老化造成肌力衰退，導致影響日常生活，會被判定為疾病，稱為「肌少症」（sarcopenia）。日本的肌少症診斷標準除了肌肉量低下之外，還包括男性的握力小於26公斤、女性小於18公斤，以及行走速度低於每秒0.8公尺（無法在綠燈時間內穿越馬路的程度）的狀態。

　　肌肉的作用不只是驅使身體做出動作，還可以透過肌肉的發熱維持體溫，或是在飢餓時分解肌肉提供細胞能量。如果罹患肌少症，就會連帶影響到這些攸關維持生命的重要功能。

# 骨骼隨時都在進行新陳代謝

就高齡者而言，肌力衰退和骨骼老化都會對日常生活造成極大的影響。骨質密度與神經細胞一樣，都是在20～30歲到達巔峰，之後就一路開始下滑。

乍看之下，或許毫無變化，但其實骨骼組織每年會以10～20％的比例更新替換。人體有也稱成骨細胞的「造骨細胞」（osteoblast）負責形成新骨，同時亦有也稱破骨細胞的「蝕骨細胞」（osteoclast）負責分解舊骨。在正常的狀態下，造骨細胞形成新骨與蝕骨細胞分解舊骨的速度幾近一致，所以能夠維持一定的骨質密度。

## 骨骼中有製造新骨的造骨細胞，以及破壞舊骨的蝕骨細胞

骨骼是由稱為「骨元」（osteon，也稱骨質）的小單位所構成。骨元為多層同心圓排列的結構，提供骨骼抗壓力的強度。同心圓的結構內有骨細胞，透過突起與相鄰的骨細胞連接，看起來就像水面上的波紋一般。骨骼在蝕骨細胞的破壞與造骨細胞的重建下，不斷進行新陳代謝。造骨細胞最後會被自身所分泌的基質包覆，並埋入其中成為骨細胞。

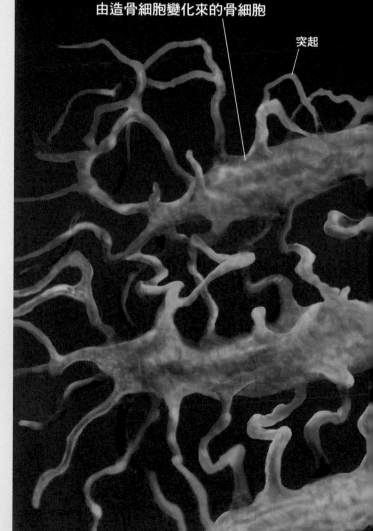

由造骨細胞變化來的骨細胞

突起

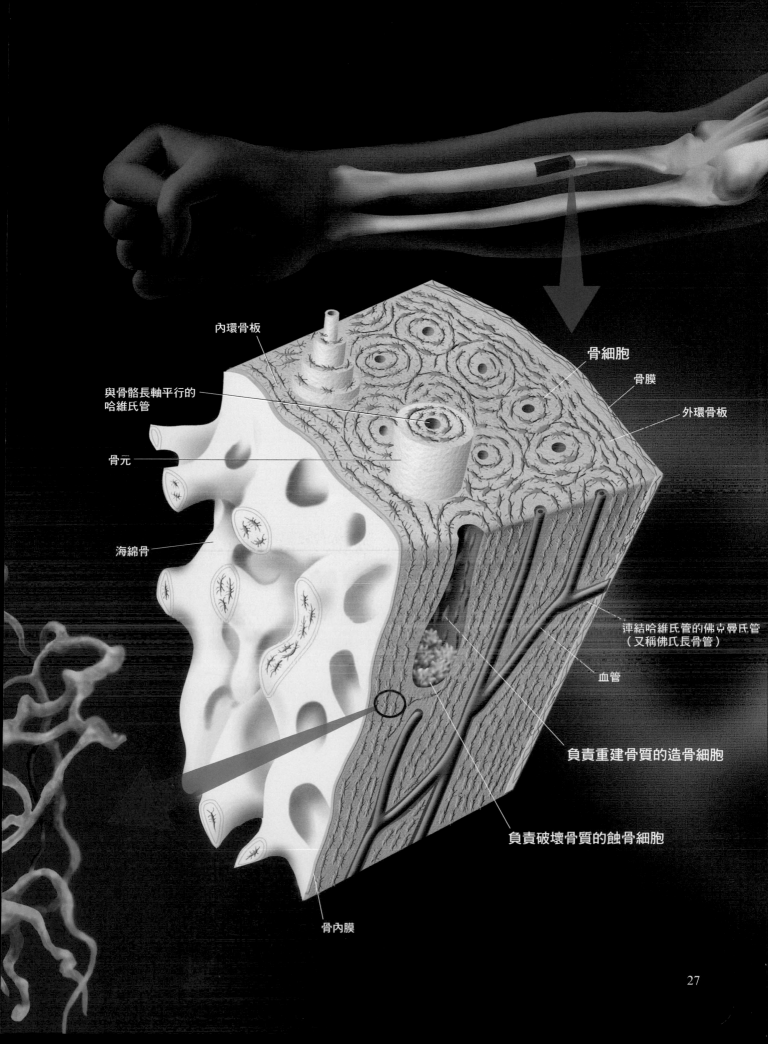

內環骨板

與骨骼長軸平行的
哈維氏管

骨元

海綿骨

骨細胞

骨膜

外環骨板

連結哈維氏管的佛克曼氏管
（又稱佛氏長骨管）

血管

負責重建骨質的造骨細胞

負責破壞骨質的蝕骨細胞

骨內膜

27

# 依據骨質密度和骨品質判定骨質疏鬆症

日本東京大學醫學部附屬醫院老年病科的小川純人副教授說道：「在判定是否為骨質疏鬆症時，骨骼的強度是一個重要指標。從前的判斷基準只有骨質密度，但最近『骨品質』也已列入考量。」

骨品質的決定因子包括合成骨骼的成分、骨組織的顯微結構、由黏合各骨骼成分的膠原蛋白所組成的「骨骼框架」品質等。骨品質可透過檢查血液的成分來判斷。

隨著年齡增長，骨骼的合成與分解逐漸失衡，「骨骼框架」的材料也跟著劣化，因此容易發生骨折。

**從骨質密度和骨品質判斷「骨骼的強度」**

「骨骼強度」是骨質疏鬆症的判定指標，以前只以骨質密度為依據。下方是低骨質密度的骨骼剖面照片，照片的最左側為骨質密度最高者。隨著骨量減少，海綿狀結構的「海綿骨」區域（插圖）內的孔隙也越來越大。近來除了骨質密度外，骨品質也成了判斷強度的依據。骨品質是由合成骨骼的成分，以及如插圖所示由膠原蛋白所組成的「骨骼框架」品質等來決定。

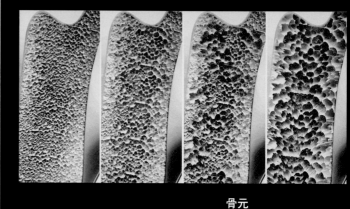

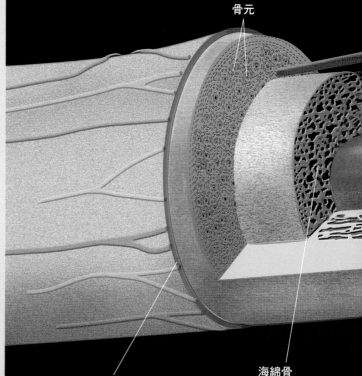

骨元

海綿骨

**布滿血管和神經的骨膜**
布有許多血管和神經的薄膜狀組織，所以對痛覺相當敏感。撞到小腿骨時會非常疼痛，就是因為脛骨沒有肌肉保護，撞擊時產生的痛感直接傳導至骨膜的緣故。

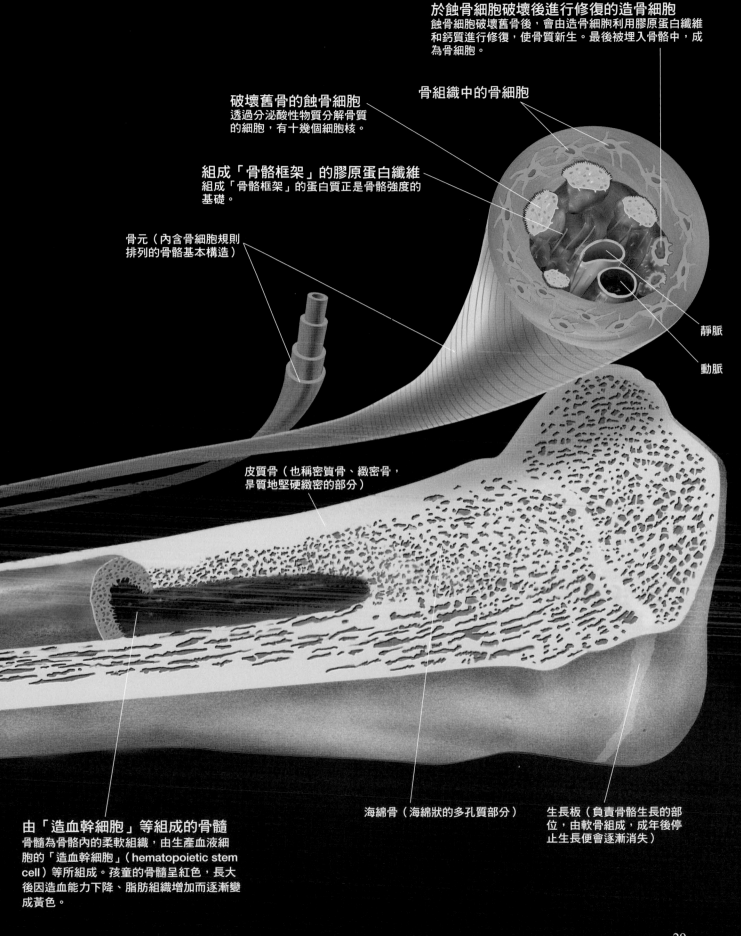

於蝕骨細胞破壞後進行修復的造骨細胞
蝕骨細胞破壞舊骨後，會由造骨細胞利用膠原蛋白纖維
和鈣質進行修復，使骨質新生。最後被埋入骨骼中，成
為骨細胞。

破壞舊骨的蝕骨細胞
透過分泌酸性物質分解骨質
的細胞，有十幾個細胞核。

骨組織中的骨細胞

組成「骨骼框架」的膠原蛋白纖維
組成「骨骼框架」的蛋白質正是骨骼強度的
基礎。

骨元（內含骨細胞規則
排列的骨骼基本構造）

靜脈

動脈

皮質骨（也稱密質骨、緻密骨，
是質地堅硬緻密的部分）

由「造血幹細胞」等組成的骨髓
骨髓為骨骼內的柔軟組織，由生產血液細
胞的「造血幹細胞」（hematopoietic stem
cell）等所組成。孩童的骨髓呈紅色，長大
後因造血能力下降、脂肪組織增加而逐漸變
成黃色。

海綿骨（海綿狀的多孔質部分）

生長板（負責骨骼生長的部
位，由軟骨組成，成年後停
止生長便會逐漸消失）

# 女性荷爾蒙減少，造成骨質疏鬆症

女性的骨質密度原本就比男性低，到了50歲左右，隨著停經期的到來（月經變得不規則，最後完全停止），更加快了骨質密度下降的速度，因此骨質疏鬆症的患者大多為女性。女性的低骨質密度，與女性荷爾蒙中的「雌激素」（estrogen）有極大關係。雌激素一減少，負責分解骨質的蝕骨細胞活性增加，打破維持骨骼形成與分解的平衡狀態。

## 男女一生中的性荷爾蒙量變化

以下是男性與女性的一生中，體內性荷爾蒙量變化的比較圖。男性荷爾蒙和女性荷爾蒙，同樣都在青春期時開始增加。但過了50歲後，男性荷爾蒙緩慢減少，女性荷爾蒙的減少幅度則相當明顯。女性荷爾蒙中的雌激素，是50歲左右的女性骨質密度降低的重要原因。

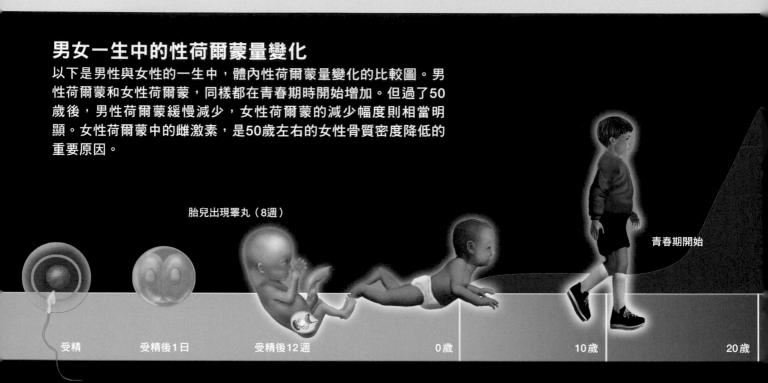

胎兒出現睪丸（8週）

青春期開始

受精　　　　受精後1日　　　　受精後12週　　　　　0歲　　　　　　10歲　　　　　　20歲

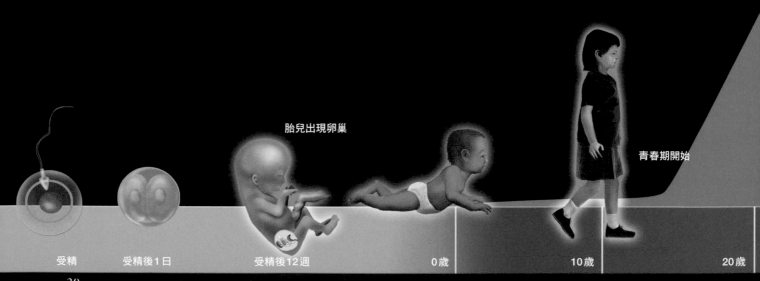

胎兒出現卵巢

青春期開始

受精　　　　受精後1日　　　　受精後12週　　　　　0歲　　　　　　10歲　　　　　　20歲

男性天生骨量就多，因此男性較不容易罹患骨質疏鬆症，也不會發生如女性般骨量急劇減少的情況。男性罹患骨質疏鬆症的原因，目前尚未完全究明。目前推測可能是老化導致造骨細胞的活動力降低，其他因素造成蝕骨細胞過度活化，或是受到糖尿病、風溼病等疾病的影響使得骨量流失。在治療骨質疏鬆症時，會透過血液檢查謹慎判斷骨量減少的原因。

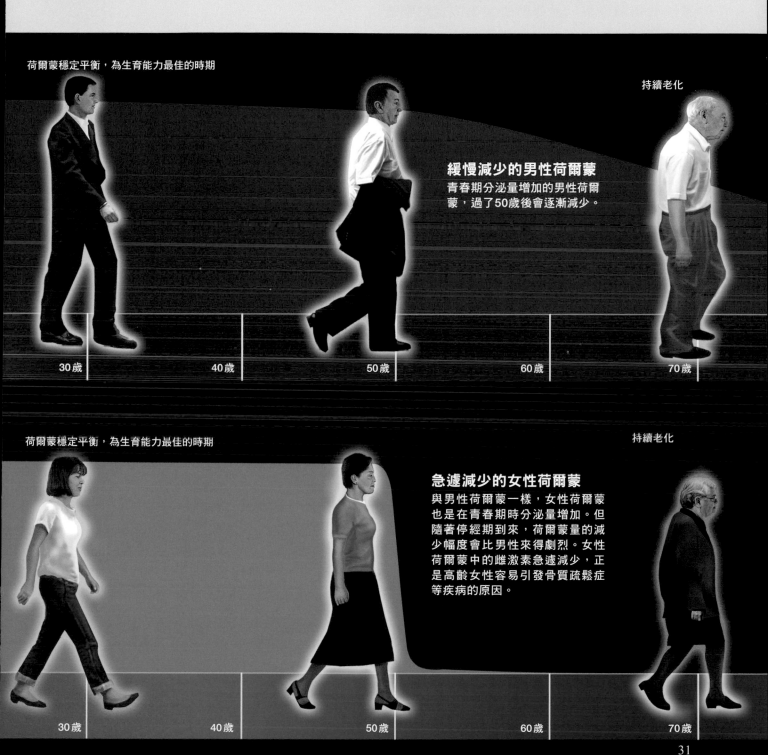

荷爾蒙穩定平衡，為生育能力最佳的時期

持續老化

### 緩慢減少的男性荷爾蒙
青春期分泌量增加的男性荷爾蒙，過了50歲後會逐漸減少。

| 30歲 | 40歲 | 50歲 | 60歲 | 70歲 |

荷爾蒙穩定平衡，為生育能力最佳的時期

持續老化

### 急遽減少的女性荷爾蒙
與男性荷爾蒙一樣，女性荷爾蒙也是在青春期時分泌量增加。但隨著停經期到來，荷爾蒙量的減少幅度會比男性來得劇烈。女性荷爾蒙中的雌激素急遽減少，正是高齡女性容易引發骨質疏鬆症等疾病的原因。

| 30歲 | 40歲 | 50歲 | 60歲 | 70歲 |

# 預防骨質疏鬆症的重點，在於從年輕就開始「存骨本」

　　預防骨質疏鬆症，最重要的是攝取足夠製造骨骼的原料，例如鈣、磷、維生素 D、維生素 K 等等。小川副教授說道：「骨量只要一減少，要恢復成原來的骨質密度得花許多時間。隨著年齡增長的骨量流失雖然無可避免，但只要年輕時先備妥一定程度的骨量，就能預防骨質疏鬆症。」存骨本，才是預防骨質疏鬆症的最佳良方。

　　當骨質疏鬆症的患者，咳嗽、打噴嚏、甚至只是稍微撞到腳都有可能造成骨折。隨著年紀增加，會因腦部、肌肉的老化而導致運動能力的衰退，發生跌倒等意外受傷的風險也跟著提高。尤其是女性，從年輕時就要特別留意，避免骨量過低。

# 為什麼會產生皺紋？

　　減緩外觀形態上的老化，也是不可忽略的重要問題，其中的代表之一就是皺紋。

　　皺紋形成的原因很多。醫學上所稱的皺紋是指「因年齡增加導致的老化」以及「因陽光中的紫外線等導致的老化（光老化）」所產生的皺紋。眼角的魚尾紋雖然也屬於醫學的皺紋，但由於屬於表情肌肉伸縮時形成的紋路，所以稱為「表情皺紋」。此外，手掌紋路和指紋其實並不是皺紋。

　　會出現表情皺紋的部位，主要是大笑或生氣時經常使用到的表情肌肉（眼角、眉間、額頭等等）。另一方面，因光老化而形成的皺紋，比較容易出現在常直接曝曬陽光的臉部和頸部。因年齡增加而形成的皺紋，則往往出現在背部、腹部、腰部等柔軟的部位。

# 當皮膚失去膠原蛋白和彈性纖維，就會產

在嬰兒臉上幾乎看不到皺紋，隨著年齡的增長，皺紋也越來越明顯。出現皺紋的皮膚，究竟是發生了哪些變化呢？

皮膚由三層組織所構成，由外往內分別是「表皮」、「真皮」、「皮下組織」（左頁左圖）。真皮層有膠原蛋白、彈性纖維等蛋白質以及玻尿酸等醣類。膠原蛋白和彈性纖維就像是支撐肌膚組織的「橡皮筋」，玻尿酸則具有儲存水分的功能。換句話說，藉由這些成分能夠讓肌膚擁

有彈性、防止鬆弛。位於真皮層的纖維母細胞（fibroblast），正是製造這三種成分的來源。

皺紋的形成是因為皮膚失去彈性，也就是真皮內的膠原蛋白、彈性纖維和玻尿酸的含量不足（左頁右圖）。

那麼，為什麼年齡增加、光老化會導致皮膚出現皺紋呢？因年齡增加而形成的皺紋，是由於真皮層纖維母細胞製造酵素的能力下降之故。其所製造的酵素能促進合成膠原蛋白。

## 出現皺紋的皮膚內部，到底發生了什麼事？

皮膚是由表皮（epidermis）、真皮（dermis）和皮下組織（subcutaneous tissue）所構成。真皮內含有「膠原蛋白」、「彈性纖維」、「玻尿酸」，因此能讓皮膚保持彈性。這三種成分皆由纖維母細胞製成，若受到光老化或年齡增加的影響，導致膠原蛋白、彈性纖維和玻尿酸的含量減少，皮膚便會失去彈性，出現皺紋。

**沒有皺紋的皮膚**

**有皺紋的皮膚**

膠原蛋白和彈性纖維處於裂解或流失的狀態，玻尿酸的含量也減少了。

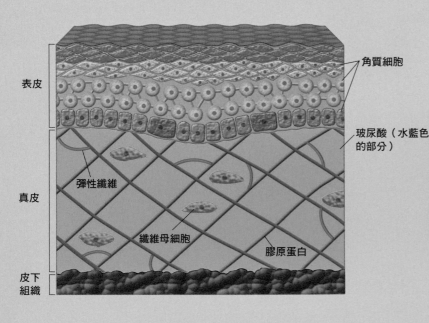

表皮

真皮

皮下組織

彈性纖維

纖維母細胞

膠原蛋白

角質細胞

玻尿酸（水藍色的部分）

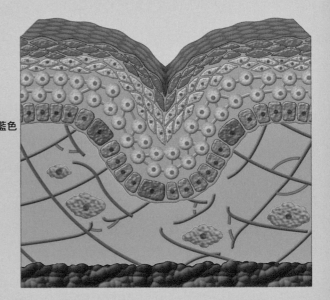

# 生「皺紋」

另一方面，因光老化而形成的皺紋，是由於在紫外線照射下，真皮的膠原蛋白和彈性纖維的合成量減少，同時裂解纖維成分的酵素量增多的緣故（右頁插圖）。

紫外線中波長較長的「UVA」會穿透真皮層，刺激纖維母細胞產生自由基（也稱游離基，free radical），生成名為「基質金屬蛋白酶（MMPs）」的酵素，裂解膠原蛋白和彈性纖維。

另外，紫外線中波長較短的「UVB」幾乎都被皮膚表皮所吸收，只有極小部分穿透至真皮層。當UVB照射到表皮的「角質細胞」後產生自由基，引發細胞激素的分泌。細胞激素會刺激真皮的纖維母細胞，生成大量的MMPs，導致膠原蛋白和彈性纖維裂解。

引起光老化的原因，也包括了陽光中的紅外線在內。因為紅外線中波長較長的「IR-A」，與紫外線的UVA、UVB有些許不同，會誘發粒線體產生自由基，再經由MMPs作用，形成皺紋。

## 紫外線照射產生皺紋的機制

紫外線照射到皮膚的角質細胞或纖維母細胞，會刺激纖維母細胞生成大量名為「MMPs」的酵素，導致膠原蛋白和彈性纖維裂解，形成皺紋。

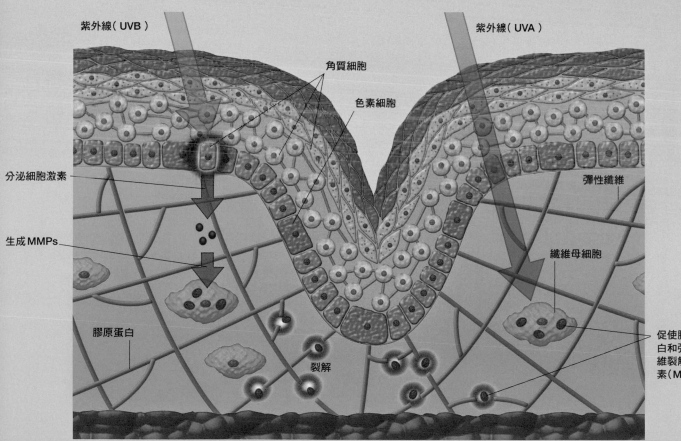

紫外線（UVB）　　　　　　　　　　紫外線（UVA）

角質細胞

色素細胞

彈性纖維

分泌細胞激素

生成MMPs

纖維母細胞

膠原蛋白

裂解

促使膠原蛋白和彈性纖維裂解的酵素（MMPs）

# 為何頭髮會變得稀疏呢？

外在老化的另一個例子就是頭髮。每個人約有10萬根頭髮，由頭皮底下的筒狀器官「毛囊」（hair follicle）所製造（下方插圖）。一般情況下，一個毛囊只會長出一根頭髮。毛囊包覆著整個毛根，毛根的底部有「毛母細胞」（hair matrix），是負責製造毛髮的細胞。成長期中毛根的毛母細胞分裂旺盛，產生的新細胞不斷往上推擠。過程中細胞會填滿一種稱為「角蛋白」的纖維狀蛋白質，等到細胞死亡後角化成堅硬的毛髮。毛母細胞原本就是由皮膚的細胞所組成，所以毛髮也可以說是皮膚的變形物。

頭髮有一定的壽命，過了一段期間後會自動脫落，再長出新的頭髮。毛髮的生長週期有三個階段，分別是生長旺盛的「成長期」、停止生長的「衰退期」、毛髮脫落的「休止期」（右頁插圖）。一個毛髮週期（1 根頭髮的壽命）大約是2～6年，其中近90％是成長期。就算都不修剪頭髮，最多也只能長到 1 公尺左右。

位於毛囊底部的「毛乳突細胞」（dermal papilla cells），負責向毛母細胞下達指令、控制毛髮週期。毛乳突細胞在成長期會指示毛母細胞分泌促進分裂的物質，衰退期和休止期則分泌抑制分裂的物質，這是決定毛髮粗細和長短的關鍵。

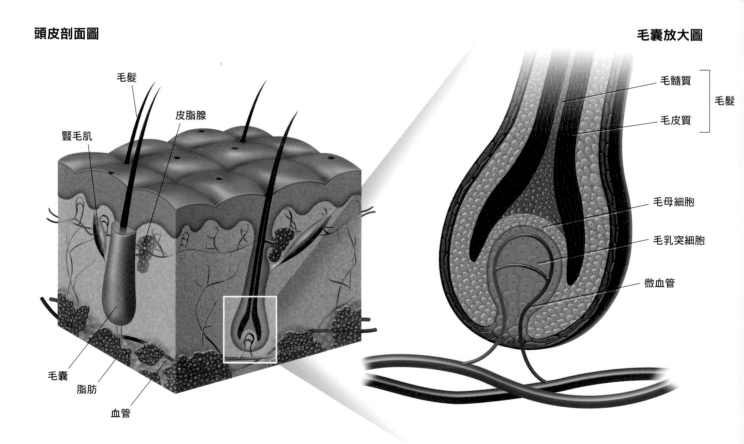

**頭皮剖面圖**

毛髮
皮脂腺
豎毛肌
毛囊
脂肪
血管

**毛囊放大圖**

毛髓質
毛皮質
毛髮
毛母細胞
毛乳突細胞
微血管

毛髮是由頭皮底下的筒狀器官「毛囊」所製造。毛囊內有能讓毛髮豎立起來的「豎毛肌」（arrector pilorum），以及分泌皮脂的器官「皮脂腺」（sebaceous gland）。毛囊內部的「毛母細胞」，會不斷地分裂滋生新的毛髮，而負責下達指令、控制毛母細胞分裂的則是「毛乳突細胞」。

## 「雄性禿」讓三分之一男性感到困擾

因毛髮無法正常生長而導致的禿頭，稱為「脫毛症」（alopecia）。有好幾種類型，其中以「雄性禿」（Androgenetic Alopecia：AGA）所占比例最高，一般提到的禿頭幾乎皆指雄性禿。雄性禿的發生率在30歲男性只有10～20％，但會隨著年齡而逐漸增加，到了60歲的發生率將近50％。

雄性禿有二大特性，其中一個是根據掉髮的類型。「禿頭」給人的印象，大概就是前額髮際線往後移、頭頂的毛髮慢慢變得稀疏，但仍保有後腦杓和頭部兩側的毛髮，其實這正是雄性禿的明顯特徵（右頁插圖）。

另一個重要的特性不是頭髮的數量減少，而是毛髮週期發生異常。原本2～6年的毛髮成長期大幅縮短，毛囊進入休止期的比例增加，毛髮無法正常生長，使得長出來的頭髮變短、變細。換句話說，雄性禿是一種毛髮性質的變化現象，堅硬的毛髮會變成胎毛般的細軟質地。

毛髮週期發生異常、導致雄性禿的罪魁禍首是「男性荷爾蒙」，因青春期後分泌量大幅增加，所以雄性禿在青春期後會開始出現徵兆。毛乳突細胞受到男性荷爾蒙的影響，在經過各個階段後分泌多種物質，抑制毛母細胞分裂。也就是說，男性荷爾蒙會導致毛髮的成長期縮短，並提前進入衰退期和休止期。

有些男性從年輕就有雄性禿的症狀，有的人則一輩子都不會出現。目前已經得知，其中的差異在於基因遺傳，而與雄性禿相關的基因有十幾種。

### 毛髮的一生（毛髮週期）

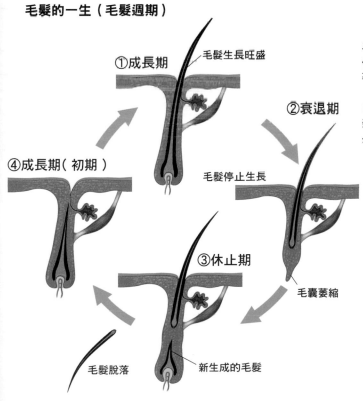

①成長期　毛髮生長旺盛

②衰退期　毛髮停止生長

④成長期（初期）

③休止期　毛囊萎縮

毛髮脫落　新生成的毛髮

毛囊的生長週期會不斷循環，可分為成長期、衰退期、休止期。成長期約2～6年，毛髮的生長旺盛（①）。接著是毛髮停止生長，毛囊逐漸萎縮的衰退期（約2星期）（②）。最後進入毛髮完全停止生長，陸續推擠到皮膚表面自然脫落的休止期（約2～3個月）（③）。此時毛囊底部有新的毛髮生成，舊的毛髮脫落時，新的毛髮就開始進入成長期（④）。

### 雄性禿的分類法

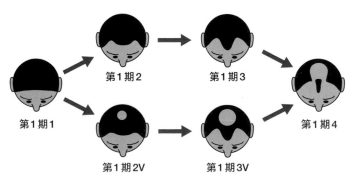

第1期1　第1期2　第1期3　第1期4

第1期2V　第1期3V

雄性禿的特徵，是從前額兩側或頭頂開始掉髮。

# 白髮的形成機制為何？

　　一般來說，半數的人到了50歲約有50％的頭髮變白。為什麼上了年紀就會長出白髮呢？

　　亞洲人擁有黑色的頭髮，是因為毛髮中含有「黑色素」（melanin）的緣故。黑色素是由胺基酸中一種叫做酪胺酸的物質，在「黑色素細胞」（melanocyte）內進行合成，並提供給毛髮生長源頭的毛母細胞。

　　由毛母細胞分裂分化成的毛皮質細胞，吸收黑色素後會硬化形成黑色的毛髮。但若黑色素無法正常供給，就會出現沒有顏色的毛髮，也就是白髮。

　　無法供給黑色素的原因主要有二個，一個是製造黑色素的黑色素細胞本身的數量減少，另一個則是黑色素細胞合成黑色素及供給的能力衰退的緣故。

　　黑色素細胞是由前驅細胞的「色素幹細胞」（melanocyte stem cells）變化而來。近年有報告指出，色素幹細胞的數目會隨著年齡增加而減少。因此當色素幹細胞的數目減少，黑色素細胞的數量也就減少了。色素幹細胞的數目在40～60歲時只有20歲的一半左右，到了70～90歲則幾乎歸零。

　　再者，即使還有色素幹細胞，但年紀越大，無法發揮正常功能的黑色素細胞的比例也會逐漸增加。舉例來說，有的黑色素細胞雖然已經合成黑色素，但卻沒有輸送至毛母細胞。

# 為什麼食量與年輕時差不多，卻會變胖呢？

年輕時維持標準的體型，但隨著年齡增長體重逐漸增加的人不在少數，這可能是因為年紀增加導致「基礎代謝率」（basal metabolic rate；BMR）下降的緣故。

基礎代謝率是指在什麼事都不做的安靜狀態下，為了維持生命所需每天會消耗的最低熱量。人只要活著，維持心跳、呼吸、體溫等都會消耗熱量。

肌肉（骨骼肌）每天1公斤約消耗13大卡（kcal）。人體內的肌肉比例，男性約占體重的40%、女性約占體重的35%。若以體重65公斤、標準體格的男性為例，肌肉量為26公斤，由肌肉產生的基礎代謝約每天338大卡（13×26）。

另一方面，脂肪組織每天1公斤只消耗4.5大卡左右，也就是說在同樣的重量下，肌肉的基礎代謝率較高。以體重65公斤、標準體格的人為例，脂肪組織約占14公斤，由脂肪組織產生的基礎代謝每天約63大卡。另外腦部、心臟、肝臟等器官也會消耗熱量，全部相加起來得出的數值就是基礎代謝率。不過，基礎代謝率會依每個人的身體組成狀態而有差異。

## 肌肉量減少，基礎代謝率也會下降

成年後，年紀越大基礎代謝率也逐漸降低，這是因為大多數人隨著年齡增長，肌肉量也會跟著減少。以體重65公斤、標準體格的20歲男性為例，基礎代謝率約為1560大卡。假設該男性到了50歲時體重完全沒變，

**何謂基礎代謝率？** 此直條圖顯示出每1公斤體重、每日基礎代謝的熱量，隨著年紀增加而逐漸下降的傾向。關於基礎代謝的明細，則以圓形圖來呈現。

### 每1公斤體重、每日基礎代謝的熱量

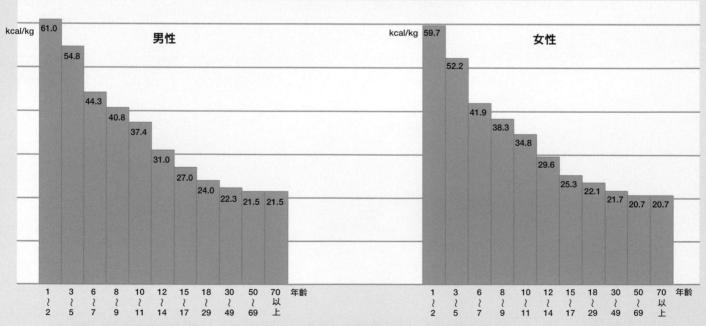

幼兒每1公斤體重的基礎代謝率，年紀越小越高，這是因為成長發育必須消耗許多熱量的緣故。

成年後，隨著年齡增長，每1公斤體重的基礎代謝率會慢慢下降，主要原因與肌肉量減少有關。

將圖表中的數值乘以自己的體重，即可計算出基礎代謝率的約略值。

但一般人這時的肌肉量大多已減少且脂肪增加，所以基礎代謝率應該會降至1400大卡左右，兩者相差了160大卡。

每1公斤的脂肪組織相當於7000大卡，若該男性依舊維持與20歲時一樣的食量，以一天多攝取160大卡來計算，換算成脂肪組織大約是23公克。若此狀態持續一年以上，就會增加8公斤的體重。但實際上，體重上升時，基礎代謝和運動所需的熱量也會增加，所以體重增加的幅度並不大。

關於自己的基礎代謝率，可以參考左頁下方直條圖「依年齡別每1公斤體重的基礎代謝率」的數值，然後乘以自己的體重。不過，肥胖的人由於脂肪比例較高，若採用此計算方法誤差會比較大（得出的數值比實際

的基礎代謝率高）。

與女性相比，男性的基礎代謝率通常較高。這是因為男性的體重本來就較重，肌肉量也較高的緣故。

基礎代謝的明細每個人各有不同，但所占比例大致如下：肌肉（骨骼肌）22%、脂肪組織4%、肝臟21%、腦20%、心臟9%、腎臟8%、其他16%。基礎代謝中能夠以人為方式增加的是肌肉所消耗的熱量，亦即透過肌力訓練增加肌肉量，藉以提高基礎代謝率，但增加的消耗熱量並不會有明顯的瘦身效果。舉例來說，透過肌力訓練，每增加1公斤的肌肉量，換算下來基礎代謝的消耗也只增加了13大卡左右。

## 基礎代謝的內容明細與比例

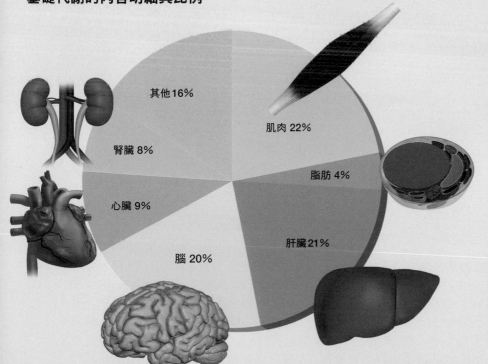

其他16%
腎臟8%
心臟9%
腦20%
肝臟21%
脂肪4%
肌肉22%

左圖是顯示在基礎代謝中，體內各器官和組織的消耗熱量占比。前幾名分別為肌肉22%、肝臟21%、腦20%，女性肌肉的占比則會較低。

透過肌力訓練增加肌肉量後，基礎代謝率也會提高，但換算下來每1公斤的肌肉量也只增加了13大卡左右。跟一天的總消耗熱量相比，實在微不足道。與隨著年齡增長肌肉量逐漸減少的傾向相反，要靠肌力訓練來增加肌肉量並不容易。為了減重瘦身的目的而提高基礎代謝率雖然有用，但效果並不彰。「只要鍛鍊肌肉提高基礎代謝率，吃再多的食物也不會發胖」，只是一種幻想。但肌力訓練本身消耗熱量的效果，則毋庸置疑。

如圖所示，即使是標準體重的人，基礎代謝中脂肪的所占百分比，也只有個位數。基礎代謝的總量是體重越重越多，但由於肥胖者的脂肪比例較高，因此就算體重增加，基礎代謝的總量也不會變多。

# 女性的卵子在出生前，就已經儲備一生所需的分量

女性走入社會、活躍於工作的比例年年都在增加，相對也衍生出職場女性錯過生育適齡期的問題。女性的懷孕機率從15歲起就開始遞減，35歲過後更是急遽下降。

為了懷孕，女性的生殖細胞「卵子」與男性的生殖細胞「精子」必須在女性的體內交會、融合。融合形成的受精卵，會慢慢發育成胎兒。卵子都儲存在女性骨盆兩側的卵巢內。卵子的前身，是周圍有特殊細胞環繞的「原始卵泡」（下

頁也有說明。更正確地說，進行減數分裂前的卵子稱為原始卵泡，從進入到完成減數分裂的卵子稱為卵母細胞）。總數約40萬顆的原始卵泡，以月為週期逐步變大，最終發育成內部儲存有液體的「成熟卵泡」。在平均28天的月經週期的最初7天，有10顆左右的成熟卵泡待機，並接受荷爾蒙開始成長。其中1顆成長最快的成熟卵泡會排出卵子，在輸卵管與精子結合成受精卵。

其實女性還在母親腹中時，就將一生排卵次數

## 被選中的卵泡在卵巢中發育，成熟後排出卵子

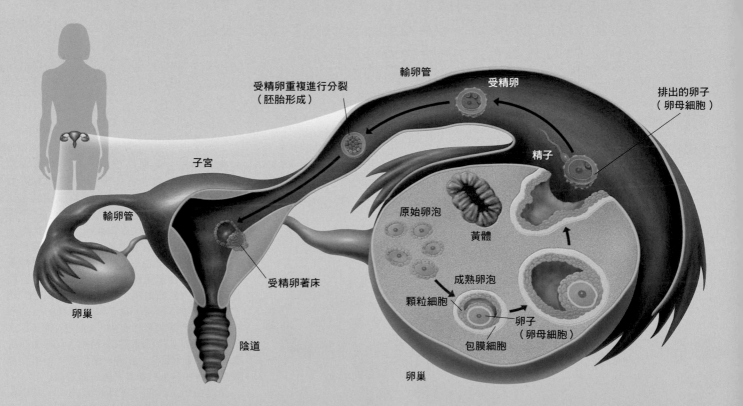

迎來第二性徵的女性身體每個月都會排卵（上圖）。從原始卵泡的一小部分開始發育，以月為週期逐步變大，最終成為成熟卵泡。成熟卵泡中，卵子的周圍被顆粒細胞（以粉紅色描繪的細胞）和包膜細胞（以淺紫色描繪的細胞）環繞。卵子、顆粒細胞、包膜細胞之間，會透過各種生理活性物質進行訊號的傳遞。藉由這些訊號及腦部分泌的荷爾蒙，促使卵子的成熟。每個月會有1顆卵子從卵巢排出，在輸卵管與精子結合成受精卵後，一面重複進行分裂，一面往子宮移動，直至子宮的內膜著床。子宮內膜會以28天為週期不斷增生和剝落（月經），懷孕期間則不會剝落。

所需的卵子都儲備好了。換句話說，卵子在女性出生前已經存在，之後也無法再製造補充，因此隨著年齡增長，數量只會越來越少。女性在母親懷孕進入第 5 個月時，原始卵泡的數量達到最高峰，每一側的卵巢約有700萬顆。但之後原始卵泡會發生細胞自殺（細胞凋亡），到出生時，約剩下100萬顆。等到第二性徵出現、開始排卵後，只剩下40萬顆左右。接下來每個月有1000多顆原始卵泡開始發育，但如前所述，只會有 1 顆成熟並排出，其他的卵泡則會凋亡。原始卵泡

逐漸遞減，到了50歲左右的停經期，僅剩下不到1000顆。大約以37～38歲為界線，原始卵泡減少的速度開始陡增。

此外，女性在母親腹中的期間所製造的原始卵泡，從出生後到第二性徵出現、開始排卵為止都在卵巢裡。也就是說，女性12歲時所排出的卵子，年齡約為12歲再加 1 歲。過了20、30年後，女性所排出的卵子年齡也一樣增加了20、30歲。排卵時的女性年紀越大，與精子結合的卵子年齡也越高。

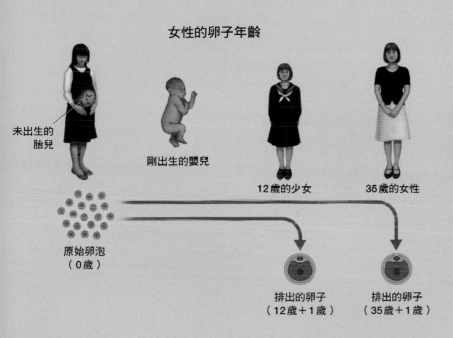

女性的卵子年齡

未出生的胎兒

剛出生的嬰兒

12歲的少女

35歲的女性

原始卵泡
（0歲）

排出的卵子
（12歲＋1歲）

排出的卵子
（35歲＋1歲）

## 終其一生，卵子只會減少，不會再製造補充

女性每個月排出的卵子，都是在出生前就已經製造好的。換句話說，卵子會比女性的實際年齡多 1 歲，且逐年遞減。此外，卵子不可能再度製造補充，所以出生後卵子的數量只會逐漸減少。

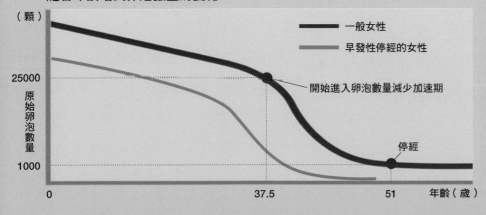

隨著年齡增長卵泡數量的變化

（顆）

—— 一般女性

—— 早發性停經的女性

25000

原始卵泡數量

開始進入卵泡數量減少加速期

停經

1000

0　　　　　　37.5　　　　　　51　　年齡（歲）

出處：Gleicher N,『Contemporary OB/GYN』
Vol.50 No.4 ,1 May 2005, 65-75
Faddy MJ,『human reproduction』
Vol.7 No.10, Nov 1992, 1342-1346
部分改寫自《卵子學》，森崇英 編輯，
2011 年日本京都大學學術出版。

# 老化的卵子會出現什麼問題？

長時間儲存在體內的卵子，發生異常的機率很高，這就是「老化」。老化的卵子有哪些異常的狀況呢？

其中一個是遺傳訊息的異常。人體內多數的細胞，是經由分裂、複製出與自身相同的細胞來增加數目。從父母遺傳來的DNA複製成2倍後，會平均分配至二個分裂的子細胞。細胞分裂時，DNA會與蛋白質結合、聚縮形成「染色體」，結構嚴密。新生兒從父親和母親身上各得到23條染色體，合計共46條染色體，每一個細胞都擁有完整的遺傳訊息。

不過，生殖細胞會進行名為「減數分裂」的特殊分裂（左頁插圖），DNA複製1次後，會連續進行2次分裂，製造出四個染色體數目比原來細胞（這裡意指卵原細胞）減少一半的細胞。四個細胞中，只有一個能和精子結合。換句話說，卵子擁有23條染色體，與擁有23條染色體的精子結合形成受精卵後，又會恢復為原來的46條染色體。

但卵子長達35年以上都放置在卵巢，若有老化的現象，在減數分裂時染色體會無法均等分配。染色體的分配若是發生異常，卵子中的染色

## 卵子的減數分裂與染色體無分離

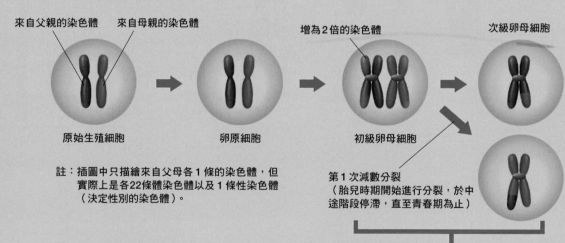

來自父親的染色體　　來自母親的染色體

增為2倍的染色體

次級卵母細胞

卵子

原始生殖細胞

卵原細胞

初級卵母細胞

註：插圖中只描繪來自父母各1條的染色體，但實際上是各22條體染色體以及1條性染色體（決定性別的染色體）。

第1次減數分裂
（胎兒時期開始進行分裂，於中途階段停滯，直至青春期為止）

第2次減數分裂
（青春期繼續進行分裂，等到受精後才完成）

卵子的前身是原始生殖細胞。當生殖腺（可以形成卵巢或睪丸）發育成卵巢，原始生殖細胞也會分化為卵原細胞（oogonium），卵原細胞經過2次減數分裂後製造出卵子。每個卵子內有減數分裂後的23條染色體，會和精子提供的23條染色體結合。

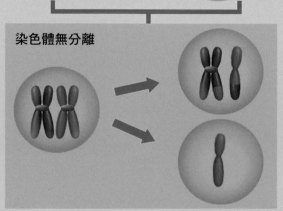

染色體無分離

此圖是描繪卵子的前身「原始生殖細胞」，歷經2次減數分裂後製造出卵子的過程。卵原細胞在第1次減數分裂後形成2個子細胞，有時會出現染色體數目未平均分配的現象，稱為「染色體無分離」。染色體無分離，也是造成著床困難、唐氏症的原因。

體數目可能會出現過多或不足的問題。

這「染色體無分離」（nondisjunction）的現象，可能是因為染色體分離時「著絲點」出現異常，或是細胞分裂的檢查機制（確保一切準備好才能進行細胞分裂的監控機制）失去作用。染色體無分離的受精卵，會出現染色體數目異常或著床困難，同時也是胎兒罹患唐氏症的原因（左頁插圖）。

## 粒線體是卵子老化的關鍵？

胞器「粒線體」，也是引發卵子老化的因素之一。粒線體會分解細胞內蓄積的醣類、脂質等營養素，是製造人體各種生命活動所需能量的胞器。粒線體的內部，含有粒線體自身的DNA。根據研究，卵子含有的粒線體數目比其他的細胞還多。

不過粒線體在製造能量時，會產生活性氧類，活性氧類會傷害細胞內運作的各種物質和DNA。由於卵子（卵母細胞）在第1次減數分裂的中途階段即停滯，卵子的粒線體DNA因長時間暴露在氧化壓力下而累積變異，所以粒線體無法發揮正常的功能。原本粒線體內的酵素足以消除過多的活性氧類，但卵子老化後，消除的功能也跟著衰退。受到影響的粒線體逐漸無法製造出足夠的能量，進而導致卵子的發育、受精等出現問題。

除了這些之外，還有許多造成卵子老化的原因（右頁插圖）。

## 老化的卵子會出現的問題

**細胞核：染色體無法正確分離**
女性隨著年紀漸增，卵子進行減數分裂時，細胞核內的染色體會逐漸出現分配不均的情形。

**粒線體：產生能量的功能降低**
由粒線體製造的能量，是所有細胞生命活動的原動力。女性年紀越大，執行此功能的粒線體數量也逐步減少。另外，酵素能夠清除製造能量時所產生的活性氧類，但隨著年齡增長，清除的效能也慢慢下滑。

**顆粒細胞：提供生理活性物質的量變少**
顆粒細胞具有接收腦內荷爾蒙、卵子發出的訊號，以及提供生理活性物質促使卵子生長的功用。女性隨著年齡增長，顆粒細胞的數量會逐漸減少。

**內質網：難以形成劇烈的「鈣離子波」**
卵子的發育、正常受精、形成胚胎等等，對於懷孕來說至關重要，這些都必須以卵子內發生劇烈的鈣離子濃度變化為基礎。左右引發濃度變化的關鍵，在於儲存鈣離子的內質網。隨著女性年紀遞增，吸收鈣離子的功能降低，儲存量也越來越少。

老化的卵子，會導致胞器等組織出現各種異常，大多數都與粒線體製造能量的能力變差有關。

# 老化引起的「細胞」劣化

　　前面已經介紹了各種老化的現象。不管是腦還是肌肉的組織皆由細胞所構成，但細胞的活動力會隨著年齡增長而逐漸衰退，究竟是什麼原因呢？

　　基本上，神經細胞和肌肉細胞並不會進行細胞分裂。造成這類細胞功能下降的主要原因，可能是受到紫外線等物理性的外部刺激，或是細胞內粒線體製造能量ATP的功能發生障礙時所生成的活性氧類。這些刺激被稱為「氧化壓力」（oxidation stress），會傷害細胞構造和DNA，導致細胞功能劣化。

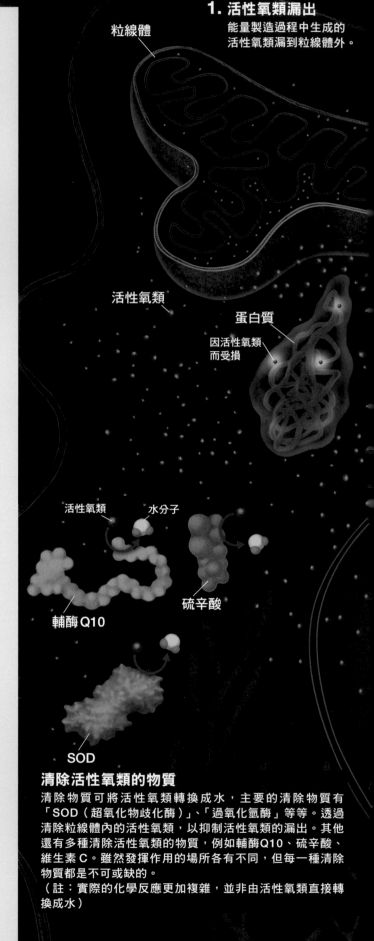

**1. 活性氧類漏出**
能量製造過程中生成的活性氧類漏到粒線體外。

粒線體

活性氧類

蛋白質

因活性氧類而受損

活性氧類　　水分子

硫辛酸

輔酶Q10

SOD

**清除活性氧類的物質**
清除物質可將活性氧類轉換成水，主要的清除物質有「SOD（超氧化物歧化酶）」、「過氧化氫酶」等等。透過清除粒線體內的活性氧類，以抑制活性氧類的漏出。其他還有多種清除活性氧類的物質，例如輔酶Q10、硫辛酸、維生素C。雖然發揮作用的場所各有不同，但每一種清除物質都是不可或缺的。
（註：實際的化學反應更加複雜，並非由活性氧類直接轉換成水）

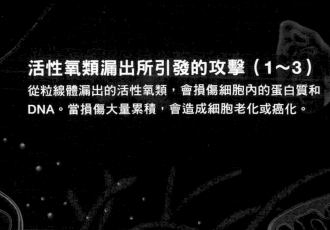

## 活性氧類漏出所引發的攻擊（1～3）

從粒線體漏出的活性氧類，會損傷細胞內的蛋白質和
DNA。當損傷大量累積，會造成細胞老化或癌化。

**2. 蛋白質受損，導致功能降低**

活性氧類與蛋白質結合後，蛋白質的部分
結構遭到破壞。若損傷過大，蛋白質會失
去正常的功能。

細胞核

DNA

因活性氧類
而受損

**3. DNA 受損，造成細胞的老化、癌化**

活性氧類與DNA結合後，會慢慢破壞DNA。如
果導致遺傳訊息改變，則可能讓細胞喪失功能
逐漸老化，或是細胞異常增生形成癌細胞。

49

# 老化的細胞會逐漸喪失清除細胞內「垃圾」的能力

受到活性氧類等的影響，細胞內受損的蛋白質會像「垃圾」一般堆積，導致細胞劣化的說法近來受到矚目。日本東京工業大學榮譽教授大隅良典博士，發現若是「自噬作用」（autophagy）此細胞的「自淨功能」出現異常，會造成細胞內「堆滿垃圾」無法發揮正常功能。這項研究也讓大隅良典獲得2016年的諾貝爾生理醫學獎。

不進行細胞分裂的細胞，細胞劣化的情況會持續加劇。隨著年齡增長，一顆顆細胞累積起來的異常開始逐步擴及整個組織，進而出現老化的現象。

## 細胞自淨功能「自噬作用」的機制

自噬作用的過程如下所示（下方插圖）。首先形成隔離膜（1），一邊向外延伸，一邊將四周的物質包圍起來（2）。膜的兩端相連閉合後，成為球狀的自噬小體（3）。自噬小體與「溶酶體」（lysosome）融合，溶酶體內存有分解物質的「酵素」，透過酵素開始分解包起來的物質（4）。包起來的物質被分解成小分子（5），可回收再利用。詳細的運作機制尚有許多未解之謎，相關研究目前仍在持續進行中。

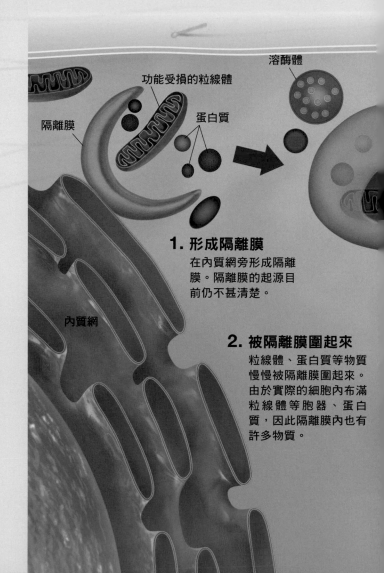

溶酶體

功能受損的粒線體

蛋白質

隔離膜

內質網

**1. 形成隔離膜**
在內質網旁形成隔離膜。隔離膜的起源目前仍不甚清楚。

**2. 被隔離膜圍起來**
粒線體、蛋白質等物質慢慢被隔離膜圍起來。由於實際的細胞內布滿粒線體等胞器、蛋白質，因此隔離膜內也有許多物質。

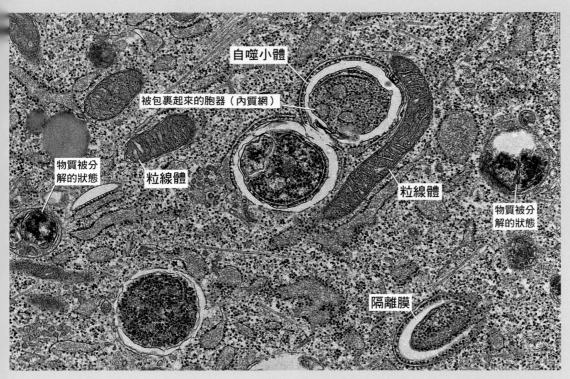

自噬小體

被包裹起來的胞器（內質網）

粒線體

物質被分
解的狀態

粒線體

物質被分
解的狀態

隔離膜

### 細胞自噬作用的景象

細胞內布滿各種物質，在自噬
作用中會慢慢將這些物質包裹
起來。照片中是處於飢餓狀態
的老鼠細胞，細胞內的隔離膜
將各種物質包裹後，形成一個
一個球狀的自噬小體。被包裹
的物質分解成小分子後，可以
回收再利用。

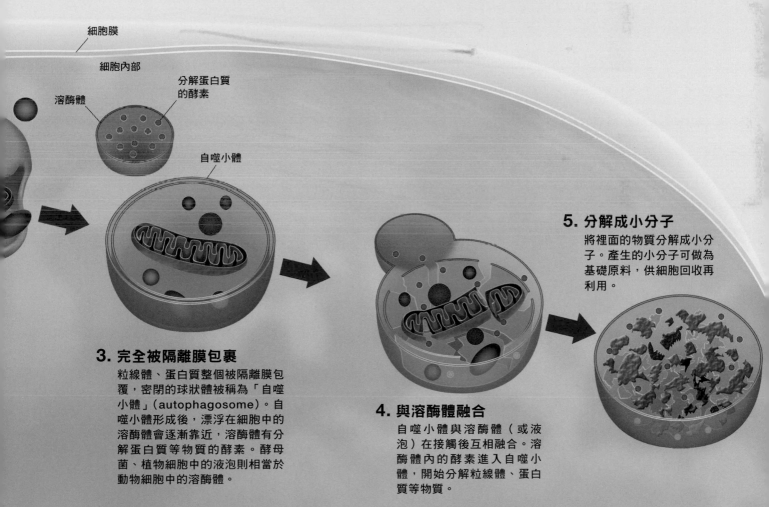

細胞膜

細胞內部

溶酶體

分解蛋白質
的酵素

自噬小體

### 5. 分解成小分子
將裡面的物質分解成小分
子。產生的小分子可做為
基礎原料，供細胞回收再
利用。

### 3. 完全被隔離膜包裹
粒線體、蛋白質整個被隔離膜包
覆，密閉的球狀體被稱為「自噬
小體」（autophagosome）。自
噬小體形成後，漂浮在細胞中的
溶酶體會逐漸靠近，溶酶體有分
解蛋白質等物質的酵素。酵母
菌、植物細胞中的液泡則相當於
動物細胞中的溶酶體。

### 4. 與溶酶體融合
自噬小體與溶酶體（或液
泡）在接觸後互相融合。溶
酶體內的酵素進入自噬小
體，開始分解粒線體、蛋白
質等物質。

# 決定細胞分裂次數上限的「端粒」

頻繁進行細胞分裂的細胞，還有另一個已知的老化現象。日本京都大學研究所生命科學研究科、專攻細胞老化的石川冬木教授說道：「細胞隨著年齡遞增，會無法再進行細胞分裂、甚至改變形狀，失去原本的功能。」一旦老化、功能衰退，停止細胞分裂的細胞，就再也不能恢復原來的狀態。

實際上，除了生殖細胞等例外，構成人體的

## DNA末端的端粒鹼基重複序列

染色體

端粒

鹼基的重複序列

G鏈

鹼基

C鏈

DNA末端附近的端粒鹼基重複序列。DNA長鏈上的鹼基序列「TTAGGG」稱為 G 鏈，與G鏈成對的鹼基序列「AATCCC」則稱為「C鏈」。

細胞能夠進行分裂的次數是有限制的。年紀越大，傷口越難癒合、越容易貧血的原因之一，就是製造肌肉的細胞、生成血液的細胞中，因為老化而導致無法進行分裂的細胞比例變高的緣故。

細胞分裂有其上限，原因在於DNA末端的「端粒」（telomere）。端粒位於繩索狀DNA的兩個末端，是由5000～20000個相同的鹼基（相當於基因密碼的化學物質）序列不斷重複所組成的結構。細胞每分裂一次，端粒則逐次變短一些（請參照下面插圖）。當組成端粒的鹼基剩下5000個左右時，該細胞就會停止分裂而老化。

## DNA的末端會隨著複製而變短

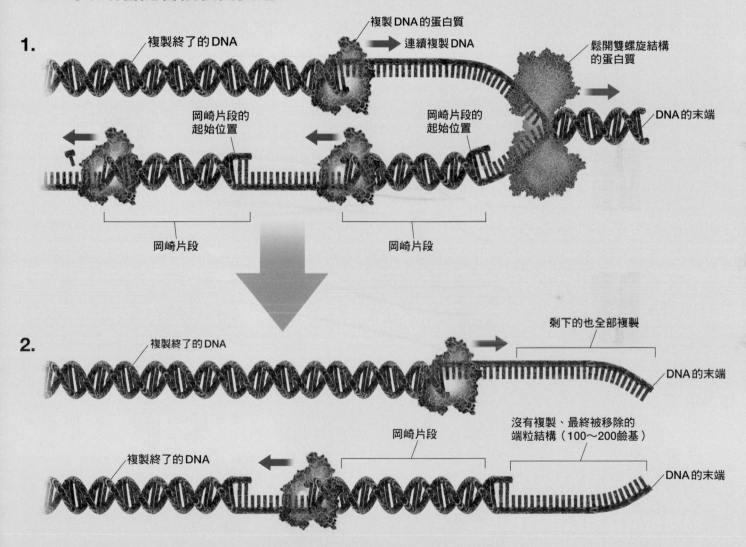

DNA末端複製的示意圖。細胞分裂時，雙螺旋結構的DNA會邊慢慢鬆開，邊進行複製。此時其中一條DNA為連續複製，另一條則與連續複製的DNA方向相反，以間隔100～200個鹼基的長度分段，進行不連續的複製。這些不連續的複製片段，就稱為「岡崎片段」（1）。即使DNA的末端還殘留部分單鏈，但若長度不足，也無法形成岡崎片段，最後沒有複製的部分會被移除，DNA的末端變短（2）。

# 細胞老化是預防癌化的防護網

端粒如果總有一天會用完，那麼為何一開始會存在呢？端粒的存在，究竟有什麼意義呢？石川教授說道：「端粒具有抑制細胞癌化的重要作用。」

DNA是由眾多名為「核苷酸」（nucleotide）的鹼基互相連結而成的分子。由於DNA的末端容易引起化學反應，如果以原來的狀態存在，可能與其他物質產生反應，或是導致DNA之間彼此相連。當DNA出現異常，不僅造成細胞癌化，維持生命活動的功能也可能出現各種問題。因此，有必要在DNA的末端設置一個如「帽子」一般的保護構造，端粒

癌細胞示意圖（剖面）

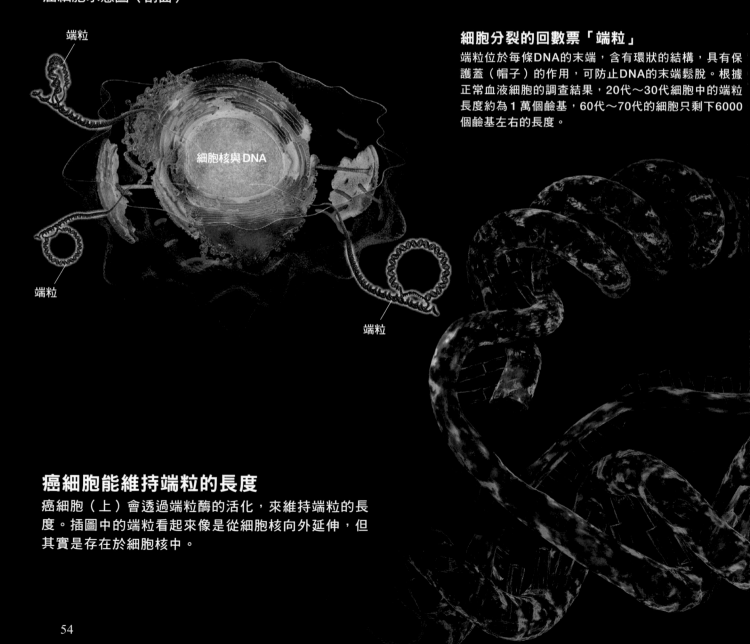

端粒

細胞核與DNA

端粒

端粒

## 細胞分裂的回數票「端粒」

端粒位於每條DNA的末端，含有環狀的結構，具有保護蓋（帽子）的作用，可防止DNA的末端鬆脫。根據正常血液細胞的調查結果，20代～30代細胞中的端粒長度約為1萬個鹼基，60代～70代的細胞只剩下6000個鹼基左右的長度。

## 癌細胞能維持端粒的長度

癌細胞（上）會透過端粒酶的活化，來維持端粒的長度。插圖中的端粒看起來像是從細胞核向外延伸，但其實是存在於細胞核中。

的功能正是如此。

端粒是由特定的蛋白質結合而成，此蛋白質能保護DNA的末端部分，防止DNA間彼此相連、避免過度的化學反應。隨著細胞進行分裂、端粒逐漸變短，與端粒結合的蛋白質也越來越少。如果端粒太短，DNA的末端外露，DNA發生異常的可能性也會增加。因此，當細胞察覺端粒已經太短時，就會停止進行細胞分裂。換句話說，端粒是預防細胞癌化的安全網。

癌細胞是透過一種稱為「端粒酶」的酵素，來延長、維持安全網「端粒」的長度，讓癌細胞得以分裂下去（下方插圖）。

### 延長的端粒

端粒是由儲存遺傳訊息的4種鹼基所組成，分別為「A：腺嘌呤」、「T：胸腺嘧啶」、「G：鳥糞嘌呤」、「C：胞嘧啶」，以6個鹼基為一組序列，並一直重複。人體細胞的端粒，會由「TTAGGG（互補配對為AATCCC）」6個鹼基重複多達1000次以上。端粒酶（telomerase）擁有可與端粒結合的序列（RNA，以藍色標示）。同時，端粒酶也會將含有鹼基的部件與端粒的末端相連，調節DNA的延長反應。

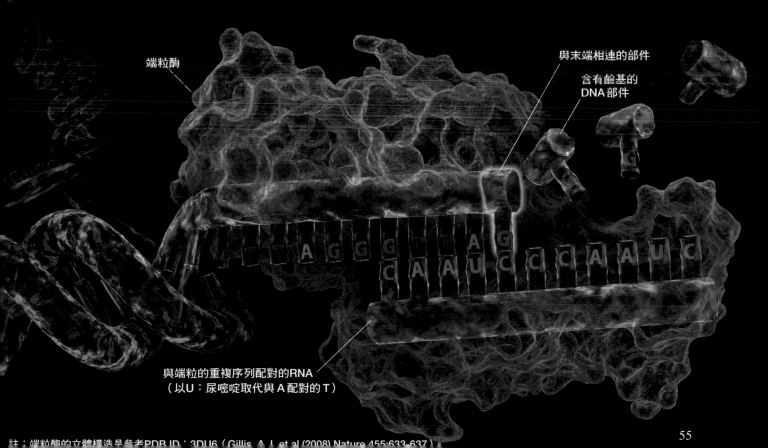

端粒酶

與末端相連的部件

含有鹼基的
DNA部件

與端粒的重複序列配對的RNA
（以U：尿嘧啶取代與A配對的T）

註：端粒酶的立體構造是參考PDB ID：3DU6（Gillis, A. J. et al (2008) Nature 455:633-637）。

# 生與死的界線

協助　片山容一／川內聰子／村山繁雄／岩瀨博太郎／岡田隆夫／川上嘉明

人生在世，最後都一定會迎來「死亡」。
當人類從活著的狀態進入死亡狀態時，
身體和意識會發生哪些變化？死亡的定
義又是什麼？

　　本章將會介紹身體從生到死所出現的
各種變化，探索生死之境的未知世界。

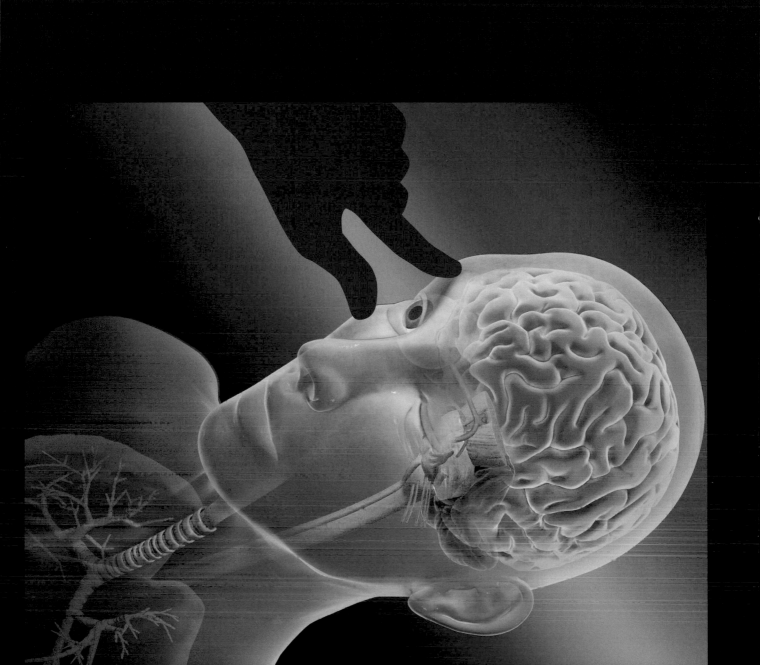

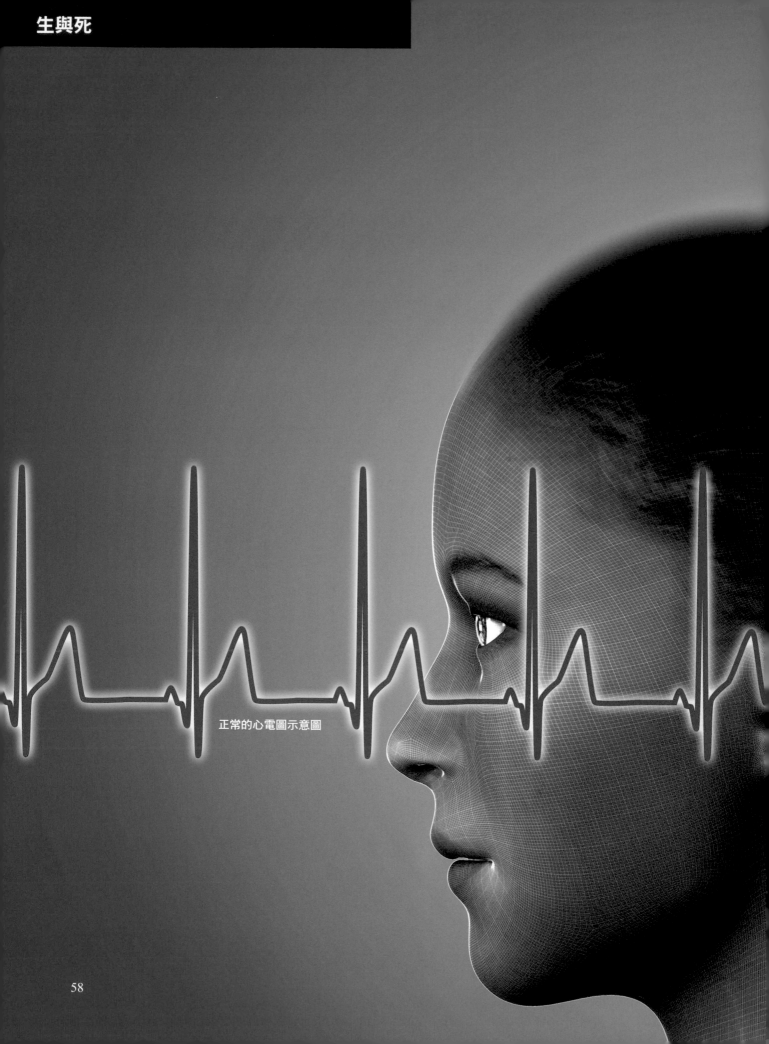

正常的心電圖示意圖

## 生死之境

從病房或手術室的心電圖儀傳出機械音「嗶……」，這樣的場景，應該會讓很多人聯想到死亡吧！插圖左側代表「生」的世界，右側是「死」的世界。心臟一停止跳動，便會進入瀕臨死亡的狀態，如果能採取適當的方法讓血液和氧氣繼續循環，就能讓其他器官和腦維持在「活著」的狀態。從這個角度來看，死亡並不是一個「瞬間」，而是一種「過程」。

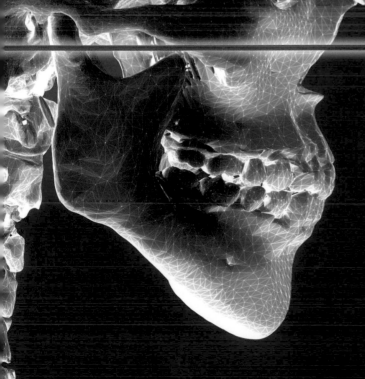

心跳停止（心搏停止）時的心電圖示意圖

# 即使心跳和呼吸停止，也並非完全「死亡」

有人突然倒地且失去意識，可能是心臟出現不規則跳動，血液無法順利輸送至全身的緣故（心室顫動）。在這個狀態，最容易受到影響的器官就是「腦」。只要短短30秒，腦部就可能留下後遺症。現場緊急救護在進行人員的訓練時，就是以「只耽誤10秒鐘也攸關生死」的信念為基礎。除了腦部之外，連接腦部與全身的神經束「脊髓」，以及清除血液中老廢物質的部分「腎臟」，都會深受影響。

## 檢查瞳孔，是為了確認腦幹的功能

急救無效時，除非是可輕易判斷的死亡狀態，否則都必須由醫師（當死因與牙齒、口腔疾病相關時，也包括牙醫）執行死亡判定。判

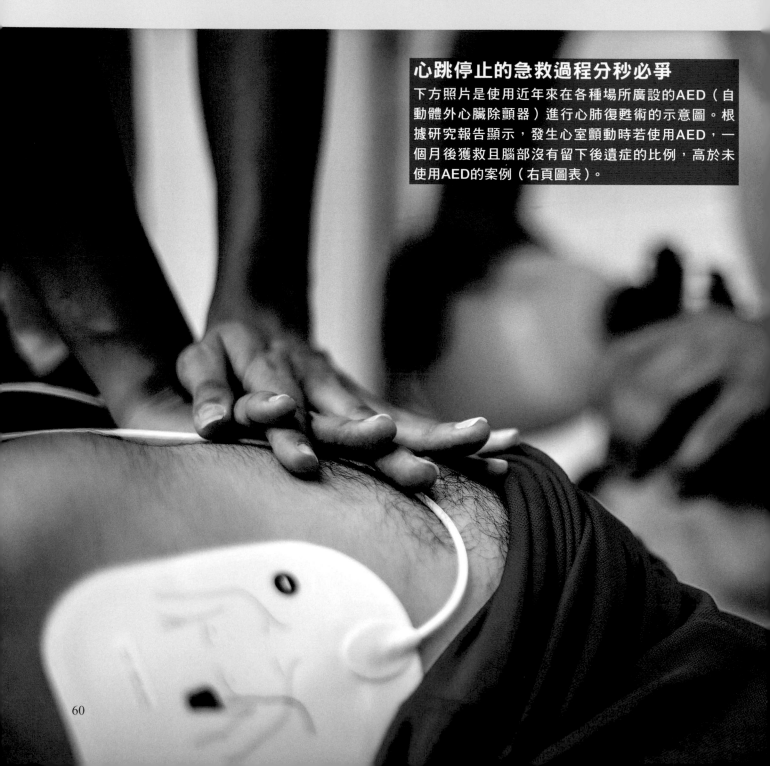

## 心跳停止的急救過程分秒必爭

下方照片是使用近年來在各種場所廣設的AED（自動體外心臟除顫器）進行心肺復甦術的示意圖。根據研究報告顯示，發生心室顫動時若使用AED，一個月後獲救且腦部沒有留下後遺症的比例，高於未使用AED的案例（右頁圖表）。

定的依據為「心跳停止」、「呼吸停止」、「瞳孔對光反應消失」，這是「死亡三徵候（死亡的三項特徵）」。

瞳孔對光反應，是指瞳仁中央的瞳孔在看強光時會縮小，看弱光時則會放大。神經內科專科醫師、日本東京都健康長壽醫療中心高齡者腦部銀行部長村山繁雄博士說道：「瞳孔對光的反應消失，代表攸關生存、由『腦幹』控制的各種反射完全喪失。」換句話說，在強弱不同的光線刺激下，瞳孔的大小若是沒有變化，就可判斷腦幹的功能已經完全喪失。不過，死亡三徵候充其量只是「之後不會再甦醒過來」的經驗法則，並不是科學上確切的死亡定義。

### 使用AED能提高存活率

緊急送到醫院所花的時間（在院外持續施行急救處置的時間，圖表的橫軸）越短，一個月後的存活比例（縱軸）越高。從兩條曲線的走向可以看出在日本使用AED與未使用AED的差異，使用AED的案例（粉紅色，22,380件）雖然運送至醫院所花費的時間較長，但存活率卻比未使用AED的案例（藍色，19,383件）來得高。此外，心電圖呈現水平一直線的狀態時（心搏停止）使用AED的效果並不佳，因此AED不會啟動。

心室顫動的心電圖示意圖

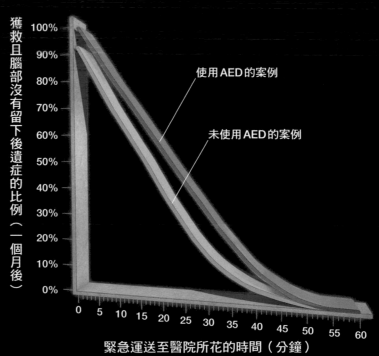

獲救且腦部沒有留下後遺症的比例（一個月後）

使用AED的案例

未使用AED的案例

緊急運送至醫院所花的時間（分鐘）

0　5　10　15　20　25　30　35　40　45　50　55　60

100%　90%　80%　70%　60%　50%　40%　30%　20%　10%　0%

註：圖表是參考Ken Nagao *et al.*, (2016) Circulation 133:1386-1396 Figure 5A,B.所繪製。

# 「植物人狀態」與死亡，是兩種完全不同的狀態

心跳停止後即便救回一命，有時還是會在腦部留下後遺症。簡單來說，越是具有特殊功能的部位，缺血（因血流障礙而造成的缺氧狀態）的影響會越快顯現出來。

腦部的表面（大腦皮質）以及相連結的「視丘」（thalamus）部位若是喪失功能，會失去意識、陷入昏迷狀態。但有時經過1～2個月後，可能會睜開眼睛，或是恢復睡眠與覺醒的週期，這就是「植物人狀態」。在植物人狀態下，較不易受到缺氧影響的腦幹還保有一定的作用。腦幹具有控制呼吸等各種功能，是維持生命不可或缺的部分。

因此，植物人的狀態屬於一種「意識障礙」（conscious disturbance），持續3個月以上

## 植物人狀態患者的腦幹，仍保有部分的功能

「腦幹」較不易受到缺氧影響，由上至下分為「中腦」、「橋腦」、「延腦」三個部位。腦死（請參照68～69頁）是三個部位的功能全都停止，植物人狀態則是殘留了延腦的功能，以及中腦和橋腦的部分功能。

另一方面，容易受到缺氧影響的代表性部位，包括負責儲存五感訊息的記憶中樞「海馬迴」，以及負責神經活動活躍的運動中樞「小腦」。

腦血管

視丘
與腦部相連，具有維持
意識狀態的作用。

容易受到缺氧影響的記憶中樞「海馬迴」
為腦內對缺氧的耐受力最弱的地方。就算只有短時間處於氧氣不足的狀態，也會導致部分細胞死亡。因此尤其對於高齡者而言，即使解決了缺氧的問題救回一命，罹患失智症的風險也會提高。

缺氧的耐受力較弱，掌管運動等
功能的中樞「小腦」
小腦位於後腦杓，是負責運動等功能
的中樞。神經活動活躍，較容易受到
缺氧的影響。

缺氧耐受力較高的腦幹
（中腦、橋腦、延腦）

則稱為永久植物人狀態。判定基準包括能睜開雙眼但無法與外界溝通、不能控制排泄等等，由於可自主呼吸、眼睛也能自由開閉，所以並不符合三徵候，離死亡還很遙遠。

**就算呈植物人狀態，半年內仍有甦醒的機會**

雖然沒有太多確切的醫學報告，但從植物人狀態甦醒是有可能的※。根據在治療植物人患者上相當有經驗的日本青森大學腦與健康科學研究中心主任片山容一博士的說法，「越快從昏迷中清醒過來，後續的治療效果越好」。「6個月內還有恢復的可能性，之後甦醒的機率雖然很小，但全世界也不乏有長達8～10年後才甦醒的案例」（片山博士）。

※：若判斷已無法從植物人狀態中甦醒，在某些國家可以執行「尊嚴死」，撤除或不施行維生治療。至於究竟要選擇維持生命還是尊嚴死，則是一道倫理上的難題。

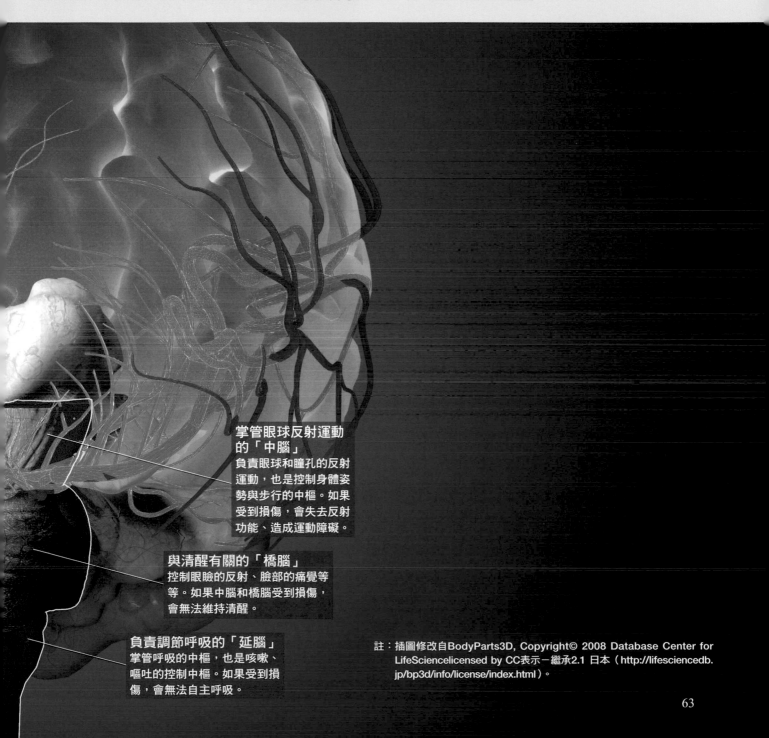

掌管眼球反射運動的「中腦」
負責眼球和瞳孔的反射運動，也是控制身體姿勢與步行的中樞。如果受到損傷，會失去反射功能、造成運動障礙。

與清醒有關的「橋腦」
控制眼瞼的反射、臉部的痛覺等等。如果中腦和橋腦受到損傷，會無法維持清醒。

負責調節呼吸的「延腦」
掌管呼吸的中樞，也是咳嗽、嘔吐的控制中樞。如果受到損傷，會無法自主呼吸。

# 處於植物人狀態的患者是否還有意識？

　　植物人狀態的患者與昏迷狀態的患者不同，能夠入睡、醒來，可是對於外部的刺激沒有反應。雖然腦部仍有活動的跡象，但就像是零散的片段，無法產生正常的意識。

　　但根據2006年的實驗報告指出，被診斷為植物人狀態的患者也可能具有意識。英國劍橋大學的歐文（Adrian Owen）博士等人，以某位因交通事故成為植物人狀態的患者為對象，透過「fMRI※」觀察腦部的活動。

　　如果要該名患者「請回想起打網球的樣子」時，患者的腦部會顯示出與正常人聽到同樣指令時極為類似的活動。換句話說，在被診斷為植物人狀態的患者當中，可能存在著與正常人一樣能夠理解外界的語言、做出適當應答（有意識）的患者。關於植物人狀態患者的意識，則必須經過更慎重的詳盡研究。

※：fMRI（功能性磁共振造影）是針對腦部各區域的活躍程度，以非侵入性的掃描方式進行實時監測的成像技術。

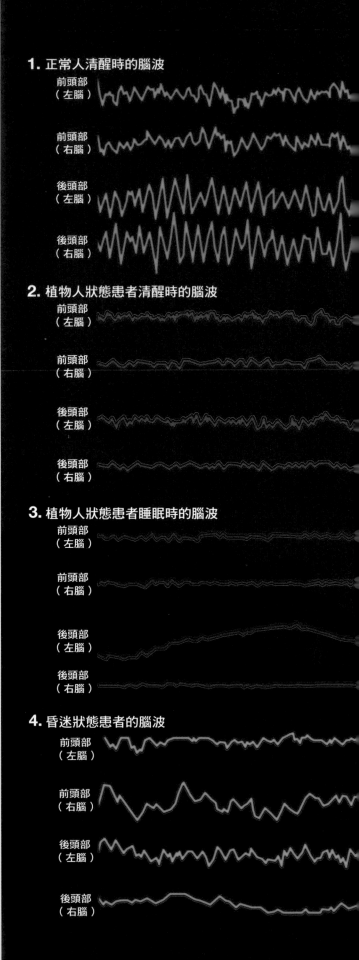

**1.** 正常人清醒時的腦波
前頭部（左腦）
前頭部（右腦）
後頭部（左腦）
後頭部（右腦）

**2.** 植物人狀態患者清醒時的腦波
前頭部（左腦）
前頭部（右腦）
後頭部（左腦）
後頭部（右腦）

**3.** 植物人狀態患者睡眠時的腦波
前頭部（左腦）
前頭部（右腦）
後頭部（左腦）
後頭部（右腦）

**4.** 昏迷狀態患者的腦波
前頭部（左腦）
前頭部（右腦）
後頭部（左腦）
後頭部（右腦）

## 雖然有腦部活動，卻沒有意識？

1 是正常人清醒時的腦波（神經細胞群電位活動的總和）。觀察植物人狀態患者的腦波，清醒時（2）與睡著時（3）雖然都不若正常人，但腦部確實有活動的跡象。由於無法對外部刺激做出適當的應答，所以一般被認為是沒有意識的。昏迷狀態患者的腦波（4），則具有變化相對平緩（週期較長）的特徵。振幅（上下移動）雖然大，但與清醒時的腦波不同。

100 微伏特
1 秒

100 微伏特
1 秒

100 微伏特
1 秒

100 微伏特
1 秒

### 植物人狀態的患者或許還有「意識」

全身幾乎動彈不得的患者，意識狀態可大致分為幾種。「植物人狀態」與「昏迷」的狀態不同，有時患者雖然醒著，但無法辨識自己和外面的世界。

但是報告指出，在被診斷為植物人狀態的患者中，也有僅表現出能辨識自己與外面世界徵候的「最小意識狀態」患者，以及辨識能力完全正常的「閉鎖症候群」（請參照66～67頁）患者。閉鎖症候群是指雖然擁有正常的意識，但身體不能動彈，也幾乎無法向外界表達自己的意識。「患者的意識究竟處於何種狀態，從外觀上並無法區別。為了做出區別，所以正著手研究各種能觀察腦部活動的方法」（片山博士）。

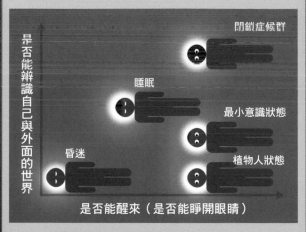

閉鎖症候群

是否能辨識自己與外面的世界

睡眠

最小意識狀態

昏迷

植物人狀態

是否能醒來（是否能睜開眼睛）

註：參考自「松田和郎、野崎和彥 意識障礙 腦科學事典（https://bsd.neuroinf.jp/wiki/意識障礙）」等資料。

# 雖有意識身體卻動彈不得，若無人察覺，

假設你現在處於全身癱瘓，發不出聲音、無法傳達自己意思的狀態。此時，雖然能透過眼睛或耳朵掌握周遭的情況，思考能力也一如往常，但是從外表來看，這種況況跟植物人沒什麼兩樣。一般而言，「閉鎖症候群」（locked-in syndrome）指的是意識清楚，但幾乎無法與外界交流的狀態。

罹患閉鎖症候群的主要原因，是流向腦部的血管阻塞，腦幹的「橋腦」（pons）因缺氧狀態而受損（下方插圖）。可以稍微做出眨眼睛的動作，或是上下轉動眼球。因此，只要周遭旁人注意到患者其實具有意識，就能利用「是」、「否」二選一的提問方式來進行溝通。

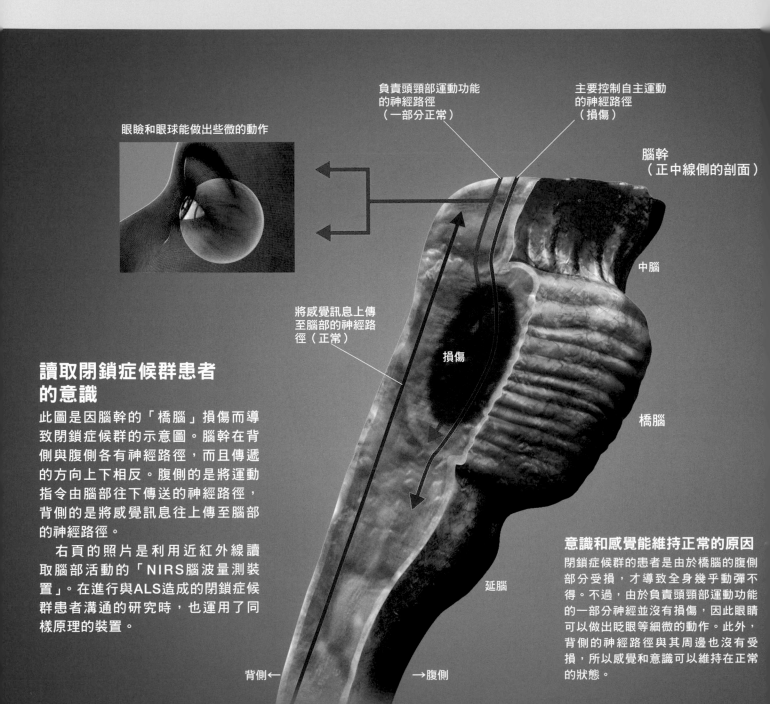

眼瞼和眼球能做出些微的動作

負責頭頸部運動功能的神經路徑（一部分正常）

主要控制自主運動的神經路徑（損傷）

腦幹（正中線側的剖面）

中腦

將感覺訊息上傳至腦部的神經路徑（正常）

損傷

橋腦

延腦

背側← →腹側

## 讀取閉鎖症候群患者的意識

此圖是因腦幹的「橋腦」損傷而導致閉鎖症候群的示意圖。腦幹在背側與腹側各有神經路徑，而且傳遞的方向上下相反。腹側的是將運動指令由腦部往下傳送的神經路徑，背側的是將感覺訊息往上傳至腦部的神經路徑。

右頁的照片是利用近紅外線讀取腦部活動的「NIRS腦波量測裝置」。在進行與ALS造成的閉鎖症候群患者溝通的研究時，也運用了同樣原理的裝置。

## 意識和感覺能維持正常的原因

閉鎖症候群的患者是由於橋腦的腹側部分受損，才導致全身幾乎動彈不得。不過，由於負責頭頸部運動功能的一部分神經並沒有損傷，因此眼睛可以做出眨眼等細微的動作。此外，背側的神經路徑與其周邊也沒有受損，所以感覺和意識可以維持在正常的狀態。

# 就會像是植物人

## 意識幾乎跟正常人一樣

　　難治之症「ALS」（amyotrophic lateral sclerosis，肌萎縮性側索硬化症，俗稱漸凍人）也是一樣，當運動神經逐漸壞死後，就會進入完全閉鎖的狀態。德國圖賓根大學等多位研究者在2017年發表了一份報告[※]，以4位因ALS而導致閉鎖症候群的患者為對象，讀取腦部活動並成功與他們溝通。根據該篇論文所述，將光纖與電極組合而成的裝置戴在患者的頭上後，測量腦部血流和腦波（神經細胞群電位活動的總和）。當詢問患者「你快樂嗎？」，結果顯示出相當於回答「是」時的腦部活動。

　　從可以醒來、睜開雙眼，能夠辨識自己與外面世界的角度來看閉鎖症候群，不但離死亡很遠，而且與正常人的意識狀態幾乎沒有差別。

※：Chaudhary U, et al.,（2017）PLoS Biology 15(1): e1002593.

## 讀取腦部活動，便能進行交流

右方的小圖是以因ALS造成閉鎖症候群的患者為對象，同時測量腦血流和腦波，並與其溝通的模樣。對於能以「是」、「否」作出回答的提問，正確回答的比率有70%以上。此裝置是由利用近紅外線測量腦血流的「NIRS」（近紅外光腦光譜儀），以及測量腦波的「EEG」組合而成。下方的大張照片，是在日本東京大學醫學部附屬醫院所拍攝的NIRS腦波量測裝置，紅色和藍色的部件都各自連接著光纖。

因ALS造成閉鎖症候群的患者

# 無法自主呼吸，絕不可能再甦醒過來的狀態即「腦死」

前幾頁介紹的「植物人狀態」和「閉鎖症候群」，乍看下或許是處於生死的模糊地帶。不過根據片山博士的說法，「植物人狀態和閉鎖症候群的腦部，若從器官死亡的觀點來看，離死亡還相當遙遠」。「腦死」則與上述的情況不同，是指已經失去呼吸和意識，腦部功能沒有恢復希望的狀態。

腦死的判定基準中，最重要的指標即腦幹功能喪失。確認腦幹功能是否喪失，需經過多項測試（右方插圖）。當腦幹功能喪失，會停止自主呼吸，對疼痛沒有任何反應，從旁搖晃頭部時，眼球也不會轉動。

## 腦死是生物生命的結束嗎？

即便無法自主呼吸，只要接上人工呼吸器，就能在心臟還跳動的期間維持血液和氧氣的循環。就算沒有攝取食物，也能透過點滴補充水分和營養。換句話說，腦部失去功能後身體仍能「存活」。

片山博士說道：「腦死是指腦功能完全喪失，但並非生物生命的終點」。接受腦死患者器官的移植能夠延續另一條生命，也是腦部以外的器官仍保有功能的緣故。但正因為如此，對周圍的人來說，很難接受患者已經死亡的事實。根據某個統計調查，回答「我認為腦死即『死亡』的說法恰當」的比例，美國、法國、德國和英國都有60～70%，但日本只有43%[※]。

※：節錄自峯村芳樹等人（2010）保健醫療科學Vol.59 No.3, pp.304～312。此為2010年器官移植法修正案正式上路的前一年所做的調查結果，修正案中包含了「可由親屬同意捐贈腦死患者的器官」等內容。

## 確認腦幹失去功能的七項測試

腦死判定程序的部分示意圖。由兩名醫師各鑑定一次，中間必須間隔一段時間，確認由腦幹（中腦、橋腦、延腦）延伸出的腦神經所支配的所有反射皆已消失。在日本和美國的腦死判定中，除了腦幹失去功能之外，還必須確認腦波已呈現直線，並檢查腦部皮質、視丘的功能皆已停止；英國的腦死判定則以確認腦幹失去功能為主。

⑥⑦不會咳嗽或作嘔
將管子放入口中刺激喉嚨深處，不會引起嘔吐時喉部肌肉收縮的「咽反射」。此外，將管子深入至連接肺部的支氣管時也不會出現「咳嗽反射」，胸腔毫無反應。代表延腦的「舌咽神經」和「迷走神經」已經喪失功能。

細長管（導管）

支氣管

註：腦部的插圖修改自BodyParts3D, Copyright© 2008 Database Center for Life Science　licensed by CC表示－繼承 2.1日本 (http://lifesciencedb.jp/bp3d/info/license/index.html)。

①瞳孔沒有反應
雙側瞳孔（眼球的中央）擴張，直徑達4mm以上。在筆燈等光源照射時與移開時，完全沒有出現瞳孔大小變化的「對光反射」。代表眼睛的「視神經」和中腦的「動眼神經」已經喪失功能。

筆燈

②眼瞼不會反射性地閉合
以棉花棒等物品刺激角膜時，完全沒有出現眼瞼閉合的「角膜反射」。這代表橋腦的「三叉神經」已經喪失功能。

棉花棒

③對疼痛刺激沒反應
按壓眼窩與眼球的中間，對手部或指頭進行疼痛刺激、用針刺激臉部，也完全不會出現瞳孔擴張的「睫狀體脊髓反射」。代表中腦的「動眼神經」已經喪失功能。

按壓

腦幹
（中腦、橋腦、延腦）

視神經

動眼神經

三叉神經

氣管

迷走神經

舌咽神經    內耳神經

冰水

④將水灌進耳朵也沒有反應
將冰水從耳朵灌進去（外耳道），也完全不會出現眼球移動的「前庭動眼反射」。代表橋腦的「內耳神經」已經喪失功能。

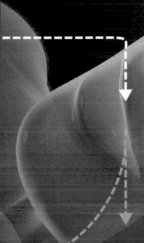

⑤眼球不會轉動
在看得到眼球的狀態下，扶著頭部左右搖晃，完全不會出現眼球朝搖晃的反方向轉動的「頭眼反射」。代表橋腦的「內耳神經」已經喪失功能。

搖晃

69

# 腦細胞在缺氧狀態下，只要 4 分鐘即瀕臨死亡

　　若從腦細胞的層級來看，死亡又是以何種方式到來的呢？腦的「神經細胞」（神經元），會快速消耗所需營養的葡萄糖和氧氣，因為必須藉由氧氣將葡萄糖持續轉換成「ATP」分子。

　　ATP分子是細胞內的能量來源，神經細胞得仰賴ATP才能繼續傳遞電訊號（電位平衡）。

　　若是神經細胞處於氧氣不足的狀態，ATP會逐漸枯竭。當神經細胞內的ATP消耗殆盡，電

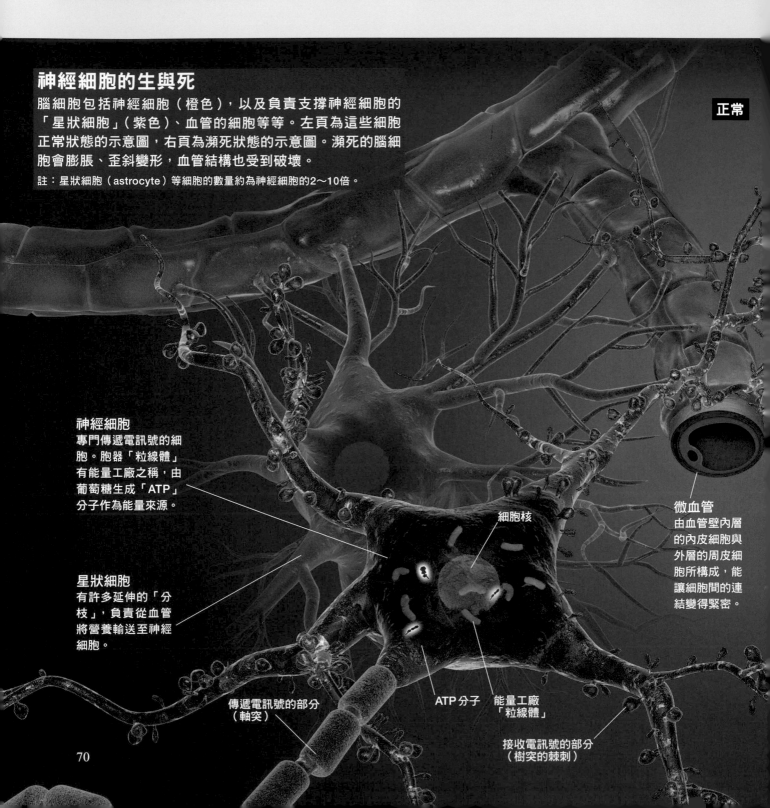

## 神經細胞的生與死

腦細胞包括神經細胞（橙色），以及負責支撐神經細胞的「星狀細胞」（紫色）、血管的細胞等等。左頁為這些細胞正常狀態的示意圖，右頁為瀕死狀態的示意圖。瀕死的腦細胞會膨脹、歪斜變形，血管結構也受到破壞。

註：星狀細胞（astrocyte）等細胞的數量約為神經細胞的2～10倍。

正常

**神經細胞**
專門傳遞電訊號的細胞。胞器「粒線體」有能量工廠之稱，由葡萄糖生成「ATP」分子作為能量來源。

**星狀細胞**
有許多延伸的「分枝」，負責從血管將營養輸送至神經細胞。

細胞核

**微血管**
由血管壁內層的內皮細胞與外層的周皮細胞所構成，能讓細胞間的連結變得緊密。

傳遞電訊號的部分
（軸突）

ATP分子

能量工廠
「粒線體」

接收電訊號的部分
（樹突的棘刺）

位失衡、細胞形狀扭曲，最終成為不可逆的狀態。神經細胞從缺氧狀態到瀕死，時限只有3～4分鐘（但尚未經過人體實驗確認）。

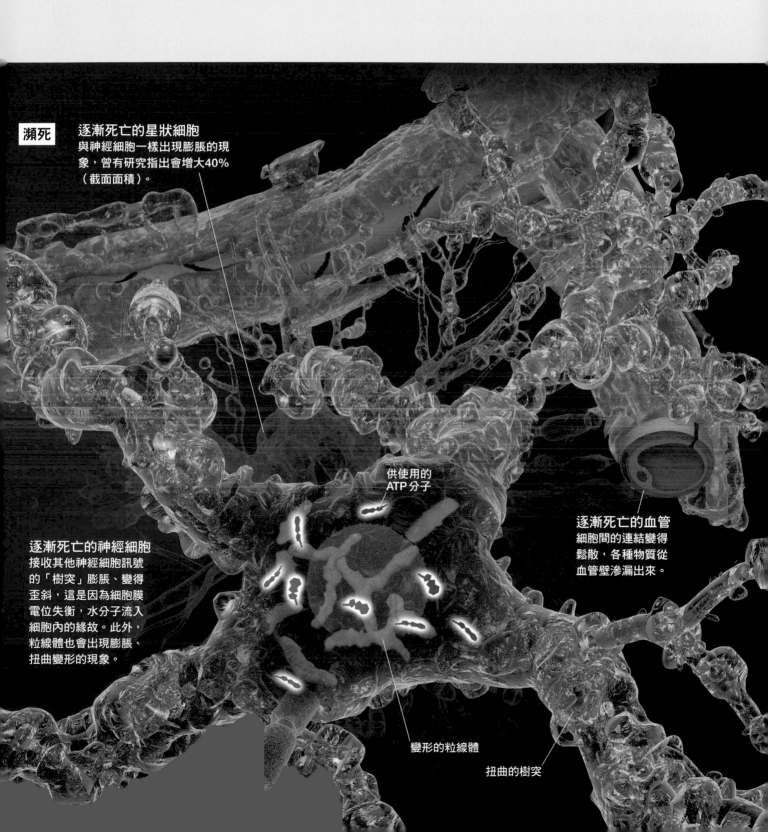

**瀕死** 逐漸死亡的星狀細胞
與神經細胞一樣出現膨脹的現象，曾有研究指出會增大40%（截面面積）。

供使用的
ATP分子

逐漸死亡的血管
細胞間的連結變得
鬆散，各種物質從
血管壁滲漏出來。

逐漸死亡的神經細胞
接收其他神經細胞訊號
的「樹突」膨脹、變得
歪斜，這是因為細胞膜
電位失衡，水分子流入
細胞內的緣故。此外，
粒線體也會出現膨脹、
扭曲變形的現象。

變形的粒線體

扭曲的樹突

# 降低體溫，可為身體爭取復原的時間

　　神經細胞的活動在低溫狀態下會受到抑制，因此能夠在ATP耗盡前多爭取一些時間。尤其是心臟異常所引發的腦損傷，會嘗試採用將腦部溫度降低1～2℃的低溫治療（therapeutic hypothermia）。低溫治療能爭取更多的復原時間。但根據片山博士的說法，一旦腦部處於缺氧狀態，即使實施低溫治療也無法減輕損傷程度。

　　腦損傷也包括因交通事故而導致頭部受到強烈撞擊的傷害（高能量外傷）。在此情況下的損傷範圍，與窒息或溺水的缺氧狀態相比，有時可能只傷到部分的神經細胞結構。「所以平均來說，外傷性腦損傷的復原率會比缺氧性腦損傷來得高」（片山博士）。

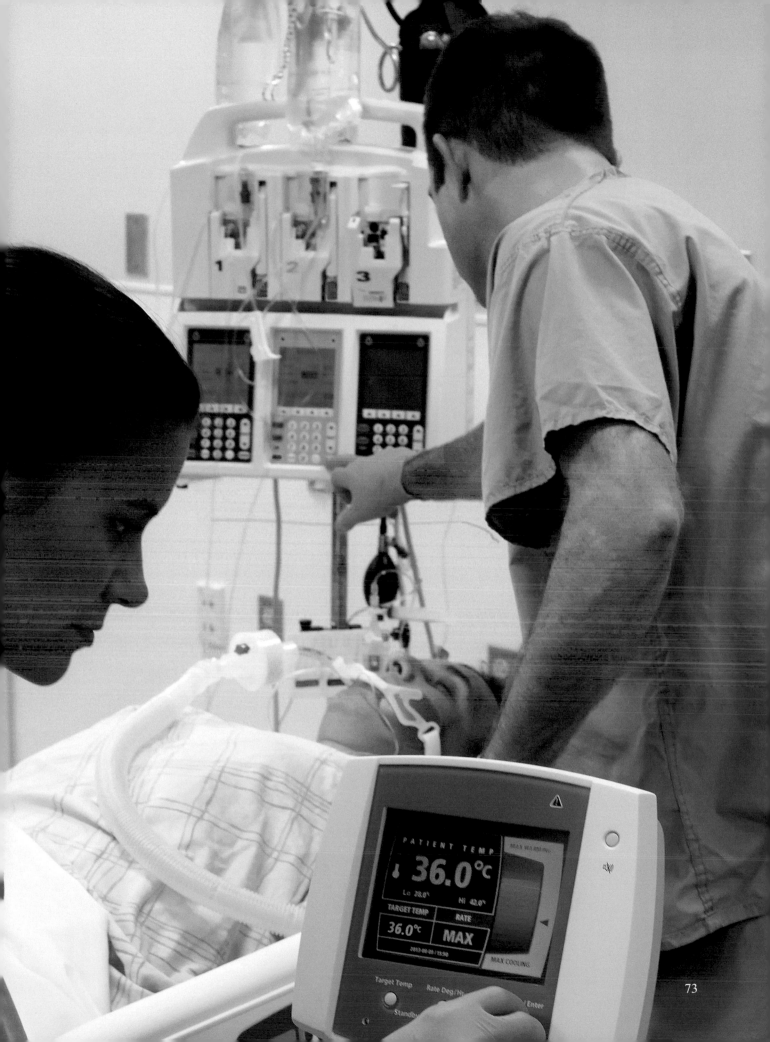

# 個體的死亡，與器官、細胞的死亡並非同時到來

　　人體的皮膚細胞和腸細胞，每天都會不斷地死亡。死亡的皮膚細胞變成皮垢、死亡的腸細胞變成糞便後被排出體外，尿液中也會含有死亡的細胞。但就算如此，生命依舊存在。若從細胞的層級來看，人體生命中的生與死是同時存在的。

　　即便生命走到終點，體內的所有細胞也不會立即死亡，而會繼續存活一段時間。因此，才得以進行各種器官的移植（右方插圖）※。此外，心臟等重要器官若是出現衰竭的狀況，也能透過人工心臟等取代自然器官以維持生命。由此可見，「器官的死」與「個體的死」不能完全畫上等號。

※：器官移植並非只在腦死的狀況下進行，有的是在患者心跳停止後才摘取器官移植，也有的是從活人身上取出器官做移植。

## 個體死亡後仍繼續存活的器官和細胞

此圖為可供移植的主要器官。器官名稱旁邊的數字，是移植 5 年後仍維持功能的比例（存活率）。另外，骨骼、血管、皮膚等組織也能進行移植。

註：存活率的數據主要是參考日本器官捐贈組織的通訊刊物（Vol.21, 2017）；人數（日本）的數據是來自日本器官捐贈組織的等候移植人數（2019 年 2 月 28 日的當時），以及日本眼庫的等候移植人數（2017 年 11 月底的當時）。

**肝臟／存活率 81.6%**
等候移植人數335人。也有與腎臟同時移植的案例。

**胰臟／存活率 76.8%**
等候移植人數207人。也有與腎臟同時移植的案例。

**腎臟／存活率 77.4%**
近年來的存活率已大幅提高。等候移植人數12,100人，與其他器官相比有明顯的差距。

**小腸／存活率 62.3%**
排斥反應等問題較大，存活率是所有器官中最低的。等候人數與移植案例都極少。

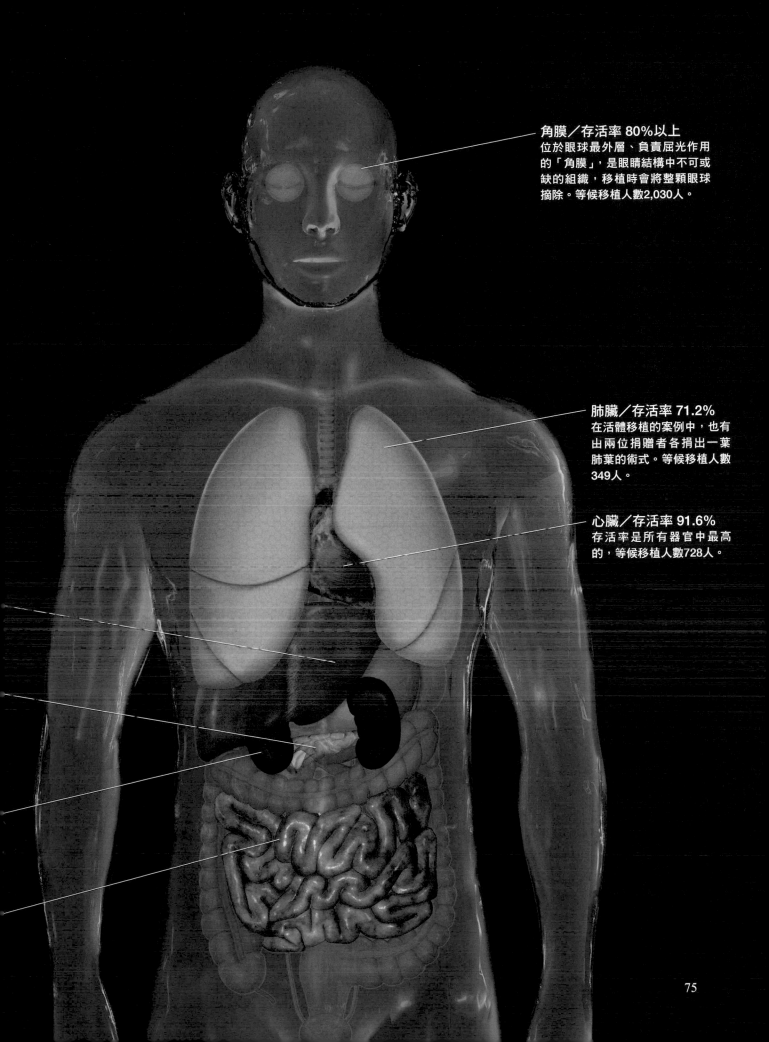

角膜／存活率 80%以上
位於眼球最外層、負責屈光作用
的「角膜」，是眼睛結構中不可或
缺的組織，移植時會將整顆眼球
摘除。等候移植人數2,030人。

肺臟／存活率 71.2%
在活體移植的案例中，也有
出兩位捐贈者各捐出一葉
肺葉的術式。等候移植人數
349人。

心臟／存活率 91.6%
存活率是所有器官中最高
的，等候移植人數728人。

# 擁有「不死」細胞的女性

　　被移植的器官和組織的細胞，就算原本的軀體已經死亡，仍能繼續存活。更極端的例子，則是全世界實驗室都在使用的各種不朽細胞株。所謂的不朽，是指細胞具有毫無止盡的分裂能力。

　　其中最廣為人知的例子，是由一位名為拉克斯（Henrietta Lacks）的美國女性的子宮頸組織切片所分離出的細胞株，並從名字（Henrietta）和姓氏（Lacks）各取兩個字母，命名為「海拉細胞」（HeLa細胞，照片）。這名女性的細胞不只具有特殊的性質，還可以「永生不死」無限分裂下去。

海拉細胞的原始擁有者
拉克斯
（1920～1951）

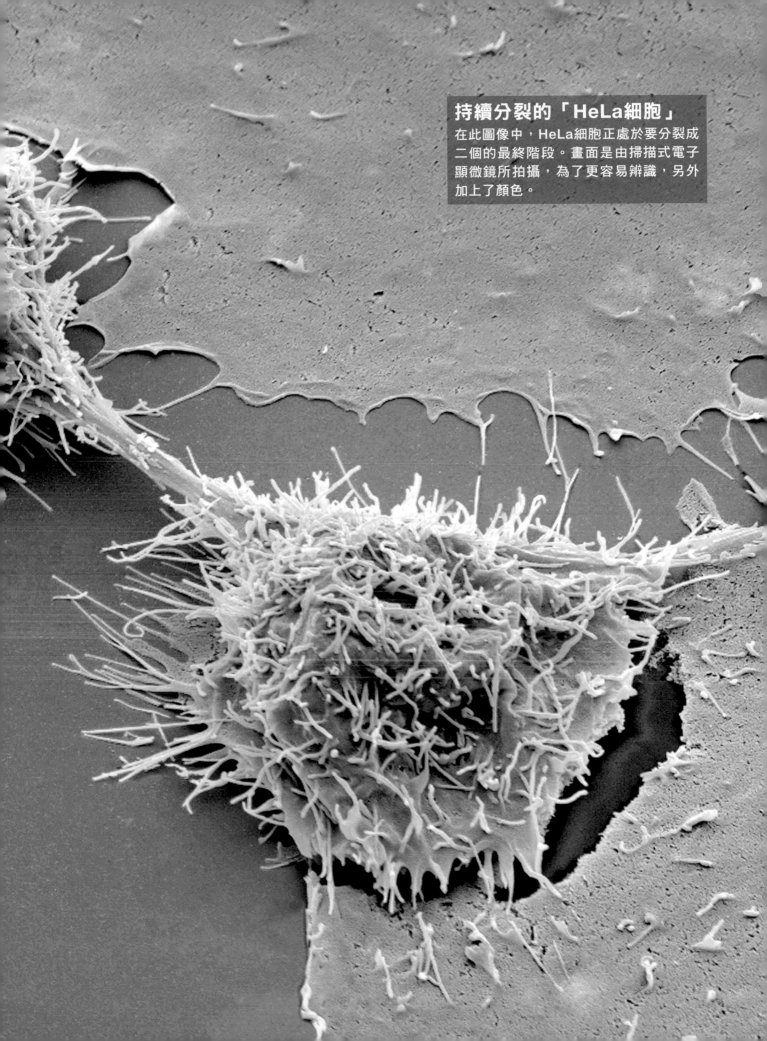

**持續分裂的「HeLa細胞」**

在此圖像中，HeLa細胞正處於要分裂成二個的最終階段。畫面是由掃描式電子顯微鏡所拍攝，為了更容易辨識，另外加上了顏色。

# 臨終前有時會出現片刻的「迴光返照」

「死亡是所有生命的終點」，正如精神分析學家佛洛伊德（Sigmund Freud，1856～1939）留下的這句話般，死亡總有一天會到來。在生命的終點，亦即臨終的過程中，會有哪些體驗呢？

有許多報告都指出，臨終前會看見已過世的故人，或是見到、感覺到奇妙的幻覺，此即所謂的「迎接現象」（psychopomp）。從調查結果發現，在日本有超過 4 成、英國有約 6 成左右的人都有過這樣的經驗。

臨終前會有一段短暫的時間，身體狀況突然好轉起來，或是原本模糊的意識變得清晰。這樣的現象，也會在提供末期照護的安寧病房中出現。根據2010～2014年以看護人員為對象的訪問調查結果，630件中有 2～3 成都提及有暫時性的身體狀況好轉或清醒的現象[※]。但目前在腦科學界和生理學界，尚無法對此做出解釋。

※：節錄自研究機關誌《生死學·應用倫理研究》（2018年，23號），由諸岡了介博士等人所做的研究報告。患者過世時的平均年齡為76歲。

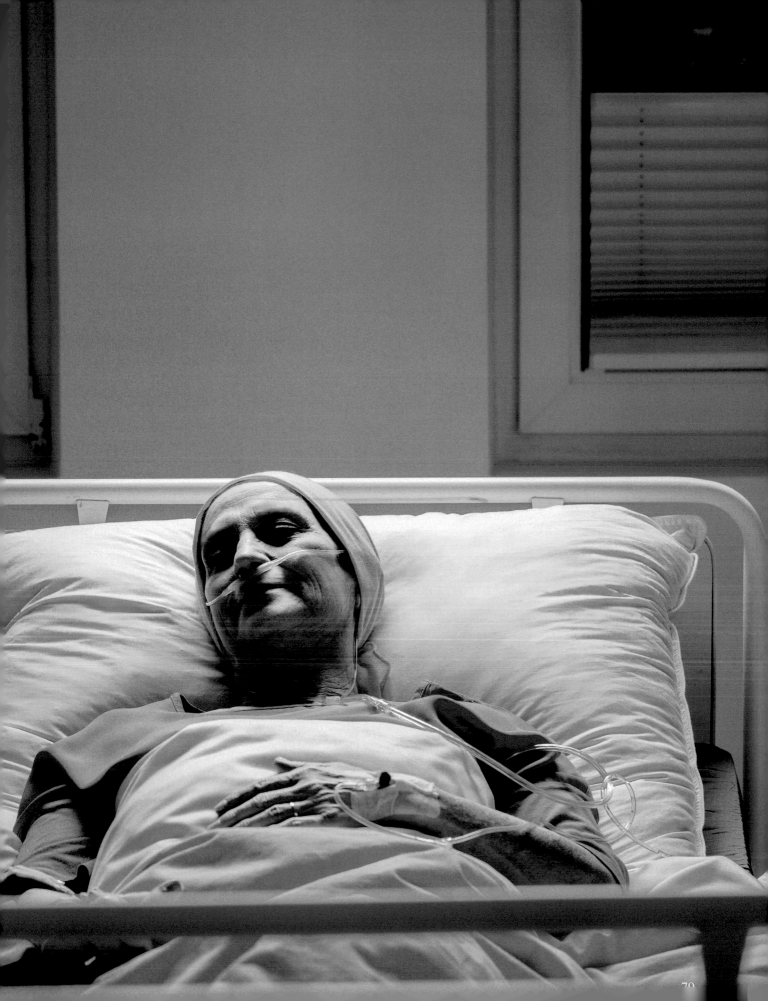

# 何謂「瀕死體驗」？

　　有些人聲稱自己曾在生死邊緣徘徊之際經歷過「瀕死體驗」。根據2000年的調查結果，從心跳停止到恢復的患者當中有5～6人有過瀕死體驗。每個人的體驗或許各有不同，但其中也有一些共通的現象，例如看到光、或是痛苦消失了。

　　村山博士所屬的日本東京都健康長壽醫療中心高齡者腦庫，主要是針對阿茲海默症、帕金森氏症、ALS（俗稱漸凍人）等疾病患者死後的腦部進行研究。生前同意登錄系統的創始人豐倉康夫醫師（1923～2003）。根據報告※指出，豐倉醫師在33歲時曾因抗生素引發了急性過敏性休克，並描述感受到「沐浴在從天而降的光芒中，於極樂花園徘徊」、「有股莫名的幸福感」。

　　不過，瀕死體驗實際上是根據與死亡擦肩而過的人的事後描述。「經歷瀕死體驗的人，大多是本來就可能復原的人。與其說是瀕臨死亡的意識體驗，我倒認為是一種極為特殊的意識障礙。如果形容成記住了一個特殊的夢境，或許比較容易理解」（村山博士）。

　　豐倉醫師過世後，村山博士遵照他的遺言進行了腦部的檢驗。發現豐倉醫師的腦部有些微損傷，且這些損傷可能是在33歲時出現腦缺血留下來的。「若以腦損傷來解釋瀕死體驗，我不知道是否恰當，但就算沒有損傷，也可能因為腦部的某些功能產生瀕死體驗」（村山博士）。

※：收錄於《精神醫學》（1991年，33卷6號）。此外，資深記者立花隆撰寫的《瀕死體驗（上）》（1994年）也收入了豐倉醫師的故事。

# 死亡前的「最後腦波訊號」

關於臨終的過程，也有研究是從腦科學的角度進行探討。例如，2013年美國密西根大學的研究人員以大鼠為實驗對象，在大鼠心跳停止後的腦部測得頻率30～100赫茲的腦波（每秒振動30～100次的腦電位活動）[※1]。該腦波被稱為「γ振盪」（gamma oscillations），一般會出現在專注於某件事或正在處理問題時。雖然論文的作者們主張「該實驗中的腦部活動可說明臨死之際的意識過程」，但基於測試範圍僅腦的極小部分等因素，有人提出了反論。

2018年2月，在得到9名腦死患者家屬的同意下，記錄移除維生裝置後的腦內活動，並發表在醫學雜誌上[※2]。當血液循環停止，腦內的氧氣濃度逐漸下降，腦波也呈現一直線。最後還能在神經細胞觀測到「擴散性去極化」（terminal spreading depolarization，俗稱

## 「擴散性去極化」也被稱為神經細胞的「最後掙扎」

右頁為步入死亡的神經細胞電位活動圖（水藍色）。當呼吸（紫色）停止、血壓（紅色）也下降，腦波（綠色）呈一直線後，就會出現擴散性去極化。蜘蛛膜下腔出血時，出血部位附近、步入死亡的神經細胞也會引發擴散性去極化，在腦部表面的「灰質」層內，以每分鐘數釐米的速度慢慢擴散。這個現象或許也可稱為腦在死亡前的「最後現象」。

註：右圖是參考擴散性去極化相關研究者團體「COSBID」的網站所製成。

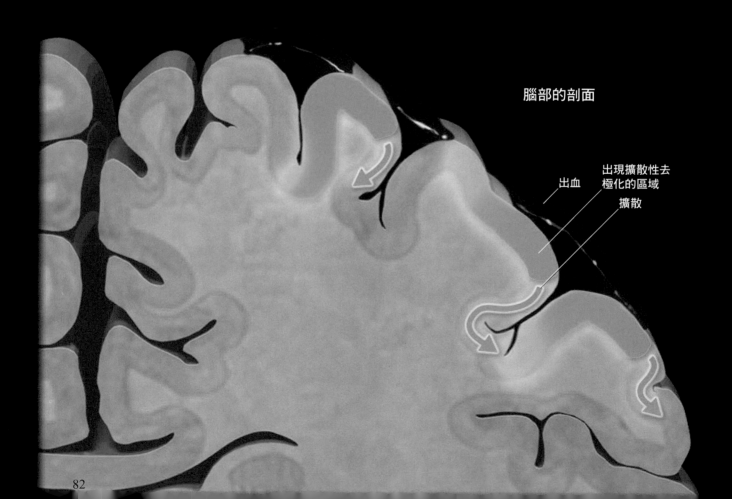

腦部的剖面

出血

出現擴散性去極化的區域

擴散

腦海嘯）的現象（下面插圖），由於神經細胞的氧氣供給中斷，細胞內的能量來源（ATP）耗盡，細胞內外的離子濃度失衡，因而導致無法恢復的狀態。

　　出現擴散性去極化的區域再也無法恢復原狀。德國夏里特大學醫院的神經科教授德萊爾（Jens Dreier）博士是研究擴散性去極化的專家，他在上述論文中曾提及「擴散性去極化，可能就是臨終前最後變化的起點」。換句話說，或許是生命「真正盡頭」的信號。

　　生與死的交界線，如今還是沒有定論。據片山博士所言，「就現狀來說，還是只能由活著的人來決定死亡的時間點」。「目前，想在生與死之間劃出一條明確的界線，依舊是個難題。」

※1：Borjigin J et al., PNAS 2013 Vol.110 No.35:14432-14437
※2：Dreier JP et al. Ann Neurol. 2018 Vol.83 Issue2:295-310

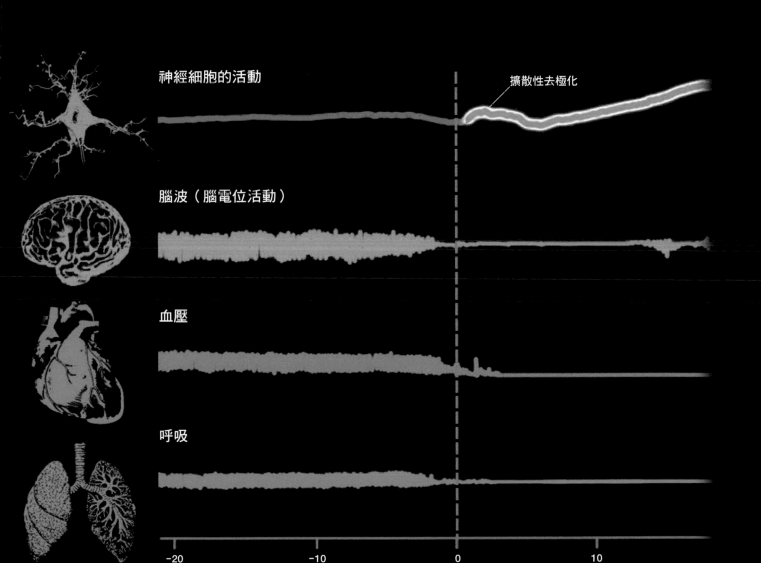

神經細胞的活動　　　　　　　　　　　　　擴散性去極化

腦波（腦電位活動）

血壓

呼吸

-20　　　　　-10　　　　　0　　　　　10

# 「生」與「死」的界線
何謂死亡？能夠把壽命延長嗎？

人總有一天得面臨死亡，大家是否曾思考過死亡是怎麼樣的過程呢？人一旦死亡就不可能復活，可是心跳停止的人若施行心臟按摩就有可能甦醒過來，假死狀態的人也可能恢復意識。「死亡」明明是很切身的問題，但我們所知道的或許相當有限。以下將從不同角度的科學觀點，逐步解明「死亡」的真相。

協助：岩瀨博太郎 日本千葉大學附屬法醫學研究教育中心教授

岡田隆夫 日本順天堂大學醫學部名譽教授

川上嘉明 日本東京有明醫療大學護理學部教授

村山繁雄 日本東京都健康長壽醫療中心神經內科·高齡者腦庫部長

「死亡」究竟是怎麼一回事？失去意識、身體變得僵硬，但又與沉睡的狀態完全不同。為什麼我們會無法再次睜開雙眼呢？

## 死亡的曖昧定義

死亡的判定基準為「心跳停止」、「呼吸停止」以及「瞳孔對光反射消失」，亦即所謂的「死亡三徵候」。以此為依據，具有死亡判定資格的人只有醫師（當死因與牙齒、口腔疾病相關時，也包括牙醫）。

死亡三徵候，意指心臟、肺臟、腦這三個維持生命不可或缺的器官功能已完全喪失。不過，根據日本千葉大學附屬法醫學研究教育中心教授岩瀨博太郎博士的說法，「死亡三徵候雖然是周知的死亡判定基準，但充其量只是從經驗上得知，在這樣的狀態下已經不會再醒過來而已」。由死亡三徵候所做出的判定，並非科學上根據確切的證據所定義的「死亡」。

三徵候的確認，一般會在心肺停止後間隔數十分鐘才進行。這是因為接受心肺復甦術的人、於心臟移植時進入「假死狀態」的患者，即使具備死亡三徵候，還是可能甦醒的緣故。

奧地利畫家克林姆（Gustav Klimt，1862～1918）的《生與死》。自1911年以來，於 5 年內歷經多次的刪改後才終於完成。畫中描繪出了生與死的對立意象。

電視劇中常可見到，停止心臟按摩後隨即宣告死亡的畫面，但是在實際的醫療現場，並不會一停止處置就馬上進行死亡判定。

## 甦醒的極限時間？

　　一般而言，人在心肺停止的狀態下，必須在 3 分鐘以內施行心臟按摩等處置，才有可能甦醒。3 分鐘的時間限制，正是腦神經細胞邁入死亡的最後倒數。

　　與身體其他部位的細胞相比，神經細胞的「燃料」消耗量較大。由於細胞能量來源的醣類、氧氣是透過血液供給，因此當心跳停止能

## 死亡三徵候

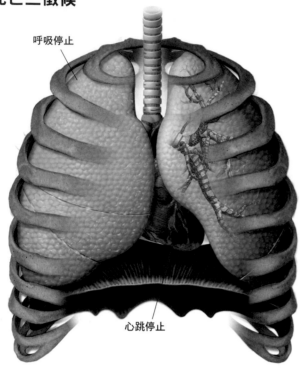

呼吸停止

心跳停止

瞳孔對光反射消失

瞳孔放大的狀態

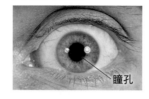

瞳孔

瞳孔縮小的狀態

「心跳停止」、「呼吸停止」以及「瞳孔對光反射消失」，是作為死亡判定的根據。「瞳孔」指的是黑眼珠的中心部分，光線會經由瞳孔進入眼睛。從明亮的地方移動到暗處時，透過瞳孔大小的變化可以調節進入眼睛的光線量。此功能是由腦幹所控制，因此當瞳孔對光線毫無反應時，代表腦幹已經喪失功能。

源供給中斷，3分鐘之內神經細胞就會死亡。即便3分鐘過後心臟功能恢復正常，已經死亡的神經細胞也不可能再生，腦部功能出現障礙的可能性很高。

心臟按摩是在心跳停止的狀態，強制對心臟施加壓力，以提供足夠的血液循環。只要血液還能輸送至腦部、供給腦部能量，就能防止神經細胞的死亡。

此外，低溫狀態下的心肺停止，可以為身體爭取更多復原的時間。當體溫下降，體內的化學反應速度趨緩，能量的消耗也會跟著變慢。就算只有少許能量，神經細胞也能繼續存活一段時間。

## 「腦死」是人類自己定義的死亡

日本直至1997年，才在法規上承認「腦死」。日本東京都健康長壽醫療中心的村山繁雄博士表示：「雖然以腦死定義死亡的方式已經得到承認，但這並不是指在科學上發現了新的『死亡』判定條件。腦死是基於器官移植的前提，將這樣的狀態『視為死亡』，這是人類自己對死亡所下的定義。」

每個國家的腦死基準各有差異，但都是以腦部、尤其是「腦幹」的功能喪失為最大前提。腦幹掌管呼吸調節等維持生命不可或缺的功能。因此腦死狀態的患者若不使用人工呼吸器便無法呼吸。而且，腦幹功能一旦喪失，一般都無法恢復。

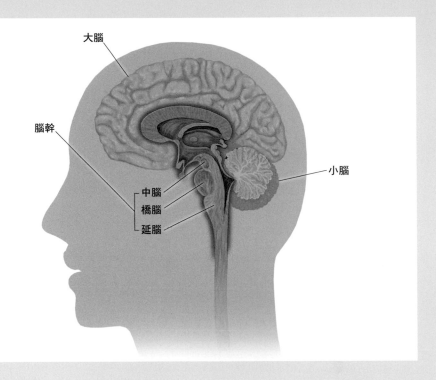

大腦

腦幹

中腦
橋腦
延腦

小腦

## 「腦幹」死亡，
## 是左右腦死與否的關鍵
「腦幹」的位置示意圖。腦幹是負責
意識、自主呼吸等功能的重要部位。

此外，大部分人都以為持續性的意識障礙（即「永久植物人狀態」）與腦死狀態極為相似。其實，腦死狀態與植物人狀態是兩回事。植物人狀態是控制身體動作的「腦部」功能喪失，與腦死狀態不同的是腦幹還具有功能，所以植物人狀態的患者可以維持程度不一的自主呼吸。更重要的是，雖然機率微乎其微，但植物人狀態是可能改善的。因此，絕對不可將植物人狀態的患者判定為「腦死」。

### 「活著」的判定基準？

腦死判定必須經過各項確認，例如「確認意識已喪失」、「確認無腦幹反射」（瞳孔的變化等）、「確認自主呼吸停止」、「確認腦波圖呈一直線」等等。同樣的確認作業需重複兩次，中間應間隔至少6小時以上（未滿6歲者須間隔24小時）※。當做出確實已無意識、對疼痛刺激

沒有反應等認定後，才能判定為「腦死」。

腦死判定必須由醫師執行，但是並無「腦損傷到何種程度會完全失去意識」的明確判斷基準。因此，必須遵循詳細精密的判定步驟以及仔細的臨床觀察。

隨著醫療的進步，雖然能夠挽回更多生命是一件值得高興的事，但醫療進步的另一面，也代表「腦死」的判斷更加困難了。

村山博士表示：「曾經有過一個案例，患者裝上人工呼吸器維生近一年半後被判定為腦死，病理解剖時卻發現他的腦內組織已經完全溶解了。」如果腦幹受到損傷，有時會出現腦組織腫脹，壓迫從心臟延伸至腦部的血管，導致血流供應中止。當神經細胞得不到足夠的氧氣和營養，就會陸續死亡。然而，心臟在某種程度上與腦部各自獨立，即使腦功能完全停止或是腦組織呈溶解狀態，只要仰賴人工呼吸器將空氣

---

※台灣的法規經過修改，現行死亡判定的間隔時間基準為：3歲以上至少間隔4小時；1歲以上未滿3歲至少間隔12
　小時；足月出生未滿1歲至少間隔24小時。

送至肺部，再透過點滴給予所需的營養，心臟依舊能夠維持運作。就算患者永遠不會再睜開雙眼，若只從「死亡三徵候」的觀點來看，肯定符合還活著的狀態。

## 人死亡後，細胞仍然活著

人死亡後，身體會產生什麼變化呢？雖說心肺功能已經停止，但全身細胞並不會馬上就死亡。尤其是皮膚深層的「纖維母細胞」、肌肉細胞等細胞，由於生命力強，所以死後數小時還能維持存活的狀態。所謂的「死後僵直（rigor mortis，也稱屍僵）」也可解釋成心臟在停止後發生的生理現象。

肌肉伸縮時，會利用細胞的ATP（腺苷三磷酸）作為能量來源。可是，心肺停止狀態下已無法生成新的ATP，肌肉伸縮時只能消耗生前所製造的ATP。當細胞內的ATP用盡，肌肉則因不能伸縮而變得僵硬。一般來說，死後僵直的現象會在死後數小時才發生。

根據岩瀨博士的說法，如果死前正進行激烈的運動，由於ATP消耗的速度較快，所以死後可能馬上進入僵硬狀態。更極端的案例，則是在心肺停止前就發生出現死後僵直的現象。

此外，死後兩天左右，肌肉又會變得柔軟，這是因為分解肌肉的酵素和微生物開始作用的緣故，此過程稱為「緩解」。

## 有時即使「心跳停止」，心臟仍在搏動

一旦心臟停止，人遲早都會死。根據對心臟生理學知之甚詳的順天堂大學醫學部名譽教授岡田隆夫博士所言，心跳停止有幾種狀態，其中又以心臟肌肉（心肌）收縮不規則的「心室顫動」（ventricular fibrillation）狀態，及心臟完全停止的「心搏停止」（cardiac arrest）狀態占最多數。

當心跳停止，為了讓心臟恢復跳動，一般會施行心臟按摩、使用AED（Automated External Defibrillator）進行去顫電擊急救。但根據心臟的狀態不同，有時上述的急救措施並沒有效果。

心臟是藉由心肌的收縮輸送血液。為了讓血液順利輸往全身，必須讓無數的心肌有節律地跳動，而負責此功能的正是位於右心房的入口附近、名為「竇房結」（sinus node）的組織（請參照右頁插圖）。心室顫動狀態，是由於異常問題造成心肌收縮變得不規律，導致心臟無法順利將血液送至全身。

要消除心室顫動的症狀，必須使用AED等設備給予電擊。紊亂的心肌收縮經高電壓刺激後會歸零停止，讓竇房結可重新啟動正常的心肌收縮節律。此外，無論是不是心室顫動狀態，若不使用AED等設備，只施行心臟按摩，改善狀態的可能性便會降低。心臟按摩的作用是透過外部的壓力，讓血液在心跳停止狀態下也能循環至各個器官。若只施行心臟按摩，無法從根本上解決心室顫動的問題。

心搏停止狀態則如字面上所述，由於心肌運作完全停止，因此就沒有使用AED讓心肌運作歸零停止的必要了。在此狀態下，需要靠心臟按摩促使血液循環至腦部和心臟，防止神經細胞死亡、輸送營養至已停止運作的心肌，讓心臟有機會恢復搏動。

不過，高齡者的心臟功能原本就比較差，一旦出現心搏停止的情形，有時無論再怎麼做心

臟按摩，都無法將心臟復原到能送出足夠血液的狀態，就不可能甦醒。當出現心跳停止時，必須依照狀態的種類，選擇適當的急救處置。

## 導致心跳停止的惡性循環

心臟為何會停止跳動呢？舉例來說，只是稍微劃開皮膚流點血的程度，並不會引發心跳停止，但若傷口很深且大量出血，血壓會由於血液減少而會大幅下降。當血壓下降至極限，血液無法遍及全身，就可能演變成各器官失去功能的「多重器官衰竭」（multiple organ failure），此處所指的「器官」也包含「腦」在

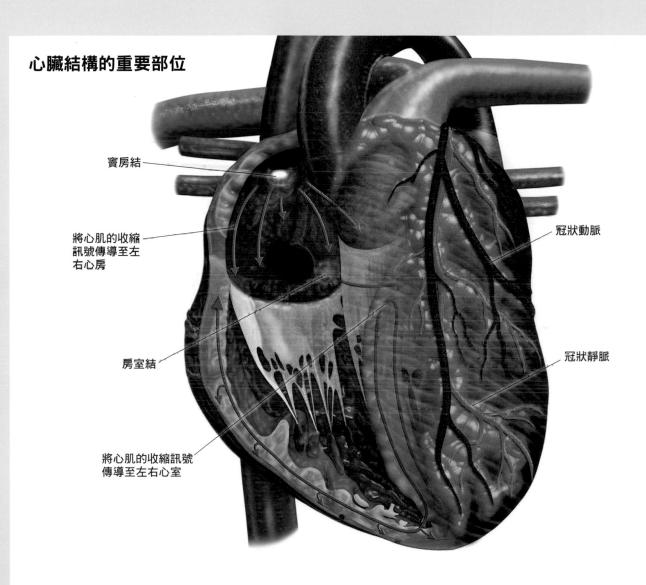

### 心臟結構的重要部位

竇房結

將心肌的收縮訊號傳導至左右心房

房室結

將心肌的收縮訊號傳導至左右心室

冠狀動脈

冠狀靜脈

心臟表面廣布著名為「冠狀動脈」的血管，負責心臟本身的血液供給。若此處的血液供給中斷，會因失去能量而使心臟停止跳動。此外，心跳速率是由「竇房結」所發出的電流訊號進行控制。透過竇房結瞬間將電流訊號傳遍整個心臟，讓心臟肌肉規律收縮，推動血液輸送至全身。

內。多重器官衰竭會造成無法呼吸、體內毒素無法進行分解等各式各樣的異常，心臟功能也越趨惡化。一開始是出血所引起的低血壓，接著進入各器官功能低下的惡性循環，心臟失去運作所需的能量，最後導致心跳停止，亦即出血死亡。

因癌症等疾病所造成的心跳停止，也與多重器官衰竭的過程極為類似。肝癌末期由於腫瘤變大，癌細胞所在位置的器官會失去原本的功能。此外，當周圍組織受到物理性的壓迫，或是癌細胞轉移至全身，原始病灶部位（原發部位）以外的器官功能也同樣會惡化。若過程中出現肺功能降低、腹部積水而引發呼吸困難，更會加快所有器官功能衰退的速度。

當呼吸困難，體內的二氧化碳濃度上升、血液的酸鹼值（pH）下降，亦即「酸中毒」。所有的生體反應，都是以體內環境維持在適當的溫度及酸鹼值為前提。因此當體內的溫度和酸鹼值改變，細胞功能也無法如常運作。

岡田博士表示：「心臟與全身器官之間的關係相當密切，當某個部位出現異常，也會對心臟造成影響，甚至擴及至全身的器官。若無法擺脫這樣的惡性循環，最終的結果就會導致心臟停止跳動。」

## 「衰老死亡」根本不存在？

在高齡者的死亡原因當中，若非生大病或發生重大事故，死因都歸類為「衰老死亡」。根據日本厚生勞動省所發表的死亡統計，近20年來因衰老而死亡的人數有急速增加的趨勢。在心臟停止跳動並衰老死亡前，究竟經歷了哪些過程呢？

岩瀨博士、岡田博士、村山博士等人，皆異口同聲地表示：「衰老死亡並不是一種醫學上的定義。」據岩瀨博士所言，「站在法醫學的立場，並不建議在死亡診斷書寫上『衰老死亡』。即便是自然老化所致的死亡，也一定會有某種死因。例如年紀大了肌肉衰退，無法順暢吞嚥而引發肺炎致死，病歷上或許會寫『衰老死亡』，但死因欄內還是應該填入『肺炎』。」

衰老死亡給人的印象，彷彿是一種沒有痛苦、在睡夢中慢慢失去氣息的特別死亡方式。但只要仔細確認每一位往生者，都一定能找到真正的死因。

## 死期可以預測嗎？

就算沒有換上嚴重的大病，每個人也總有一天會死。但是否有可能正確地預測自己的「死期」呢？近年來，許多護理之家和安寧機構等設施開始重視思考「如何迎接死期」。如果死期可以預測，就能事先選擇「死亡的方式」，例如「在生死關頭之際希望接受何種程度的維生治療」，家人也能預先做好心理準備。

長年研究高齡者死期的日本東京有明醫療大學教授川上嘉明博士表示：「高齡者進入死亡的過程中，身體的變化相當緩慢，因此要正確判斷出具體的死期極為困難。」

川上博士以在護理之家等設施過世的高齡者為對象，針對他們生前最後5年中的BMI（體重（kg）÷身高（m）$^2$）以及食物、水分的攝取量（皆為經口攝食量）做了調查（右頁圖表）。結果顯示高齡者在死亡的前5年，即使維持一定程度的食物攝取量，BMI指數卻呈現逐步下降的趨勢。此外，BMI指數下降的速度，在死亡

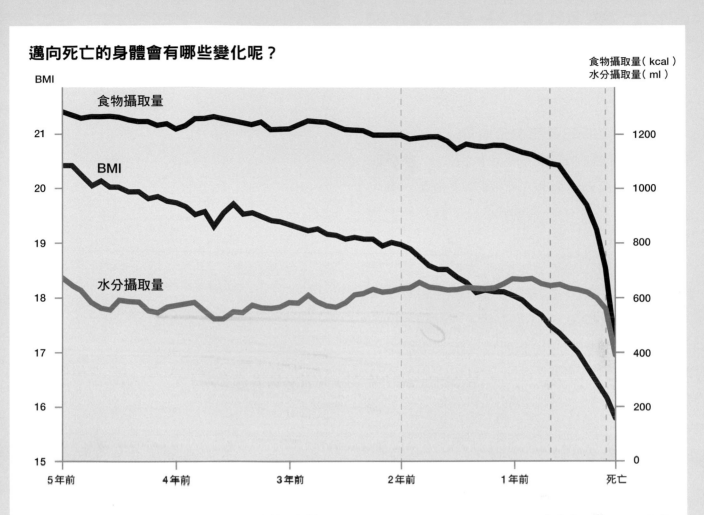

**邁向死亡的身體會有哪些變化呢？**

圖表中，分別顯出已過世的高齡者從死亡前 5 年以來的BMI、食物攝取量和水分攝取量。表中的數值為160人的平均值，死亡時的平均年齡是89.1歲。可看出從5年前的時間點開始，即使食物攝取量還維持一定的水平，但BMI已呈現下降的趨勢。此外，約從死亡前2年起，BMI降得更快，在死亡前 8 個月，食物攝取量開始驟減，到了死亡前 2 個月，水分攝取量也明顯減少了。（數據提供：川上嘉明博士）

前24個月開始明顯變快。同時，死亡前 8 個月的食物攝取量與死亡前 2 個月的水分攝取量也都開始驟減。川上博士提及，「能夠客觀判斷死期的『指標』十分重要，但調查結果充其量也只是平均值，並不代表每個人經歷的過程都相同。我目前也還在調查人們過世前是否出現明顯變多的具體症狀（咳嗽、積痰等等）」。

就現狀而言，由於數據還不夠多，是否能透過此數據確實預測死期，尚不得而知。對高齡者而言，有時就連感冒也可能導致食物攝取量或體重減少，若要準確地預測死期，或許需要先明確區別出這些身體變化究竟是因身體狀況，還是由於死期迫近所引起的。

# 生物死後的重量和組成元素皆與生前相同

接下來,將從微觀的層面,探討生物的生與死之差別。

目前在自然界已確認的元素[※]總共有90種,但構成生物體的元素只是其中的一小部分而已。以人體為例,體重的約98%是由氧、碳、氫、氮、鈣、磷6種元素所組成(請參照右頁圖表)。

只要是地球上的生物,構成身體的元素比例都是相似的。不同於非生物,所有生物都具有特定的元素組成。

那麼,在生物的生前和死後,構成身體的元素組成有任何不同嗎?生物一旦死亡,蛋白質會被分解。雖然元素的組合方式(化合物的種類)改變了,但元素組成本身並沒有變化。而且,生前和死後的重量也是相同的。

活著的生物和死亡的生物,組成元素的種類和分量都是一樣的。換句話說,即便將生物細分到元素的層級,也找不出「生」與「死」有任何差異。生物能處於「活著」的狀態,重點不在於各種元素的分量多寡,而在於元素的「組合方式」和「使用方式」。

能讓生物維持「活著」狀態的元素組合方式和使用方式究竟為何?又會對生物帶來什麼影響呢?

※:自然存在的元素有90種,但另外還有28種人工合成的元素,也就是說,目前共有118種元素已得到確認。所謂的元素,是指具有相同原子序數(質子數)的原子群。例如,氧是原子序數(質子數)為8的元素。

## 即使經過分析,依然找不到生與死的差異

假設有兩隻體重相同的小鳥。在其中一隻死亡後立即測量兩隻的體重,結果毫無變化(下圖)。雖然已經死亡,但構成生物體的物質(元素)分量並不會有所增減。

右頁是構成生物體的元素組成示意圖。生物體內含有大量的水($H_2O$),因此元素的個數也是氫(H)占最多數,但由於氫是非常輕的元素,若從比重來看,氧(O)的含量最高。這樣的元素組成,無論生物是活著還是死亡,都不會改變。

多細胞生物在剛死亡時,構成身體的部分細胞仍然活著,但因無法供應足夠的能量維持活動所需,所以不久後,所有的細胞就會完全死亡。

活著的生物

## 構成生物體的元素比例

右邊是構成人體的元素比例示意圖。圖中顯示的並非各元素的原子數比例，而是重量（質量）的比例。構成生物體的元素基本上在自然界也很普遍，並不是罕見的元素。其中磷在自然界（地球表面的岩石中）的豐度（natural abundance，也稱為NA或天然存在比，指某元素與所有元素相比較所得到的比值）為0.1％，在生物中則較高有1％左右。磷也是DNA的構成要素之一，對生物而言是非常重要的元素。

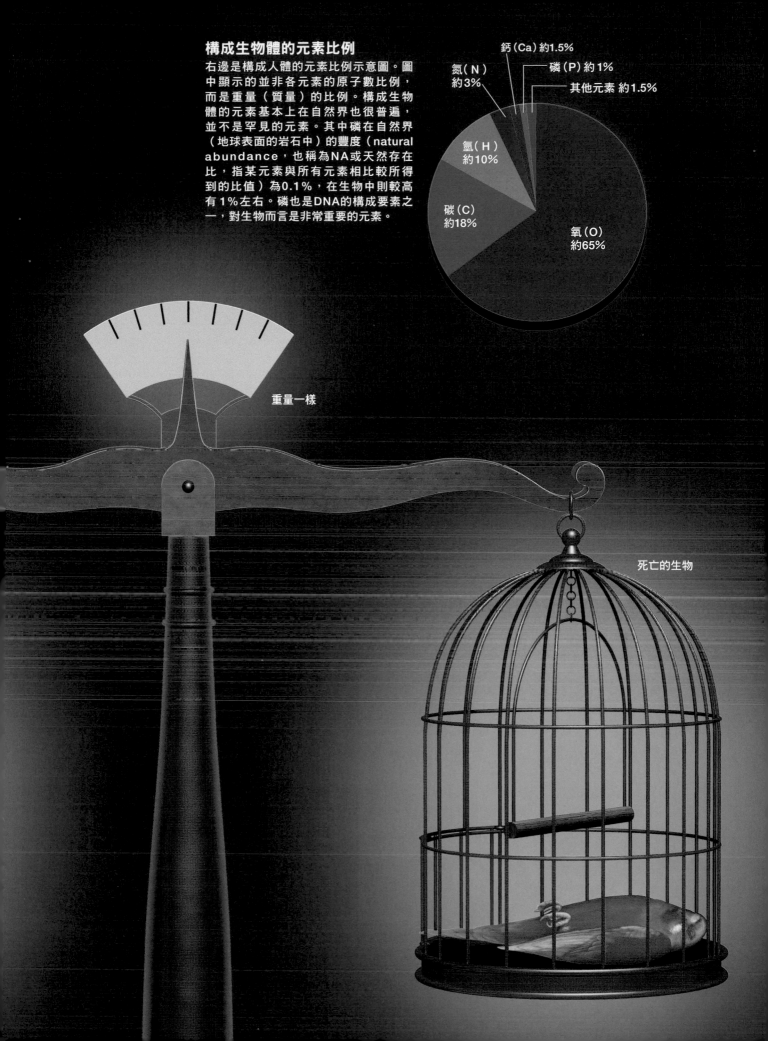

鈣（Ca）約1.5%

磷（P）約1%

氮（N）約3%

其他元素 約1.5%

氫（H）約10%

碳（C）約18%

氧（O）約65%

重量一樣

死亡的生物

# 某些時候，生物乍看之下像是違反了自然的法則

剛死亡的生物，外觀看起來幾乎與活著時沒有兩樣。但時間越久，活著的生物與死亡生物在狀態上的差異就越明顯。

這是因為死亡的生物已「無法從外部攝取營養」（代謝），若沒有從外部補充營養，就無法合成身體運作所需的能量，也無法汰舊換新。因此隨著時間流逝，已死亡生物的身體結構會逐一崩解，失去原來的模樣。

世界上的有形物體，都有隨著歲月遷移慢慢崩解的傾向，這在物理學上稱為「熵增原理」（principle of entropy increase）。熵，簡單來說就是「無序的混亂程度」[※]。舉例來說，堆砌在海邊的沙雕城堡（有序的構造物）若放置不管就會自然崩解（變得無序）。死亡的生物與沙雕城堡一樣遵循著這個物理原理，原本有序的身體結構也會隨著時間經過而逐漸崩解。

另一方面，活著的生物個體即使時間變遷，也依然能維持有序的身體結構，並正常運作。用物理學來說，就是死亡的生物經過時間推移，熵會增加，但活著的生物卻不會（甚至還會減少）。

乍看之下，活著的生物似乎違反了自然的法則（熵增原理），但這究竟是怎麼一回事？為何生物會出現這樣的情形呢？

※：「熵」與體積、壓力、溫度等一樣，都是呈現物質或是空間狀態的一種度量。狀態越有序，熵值就越低；狀態越無序，熵值就越高。

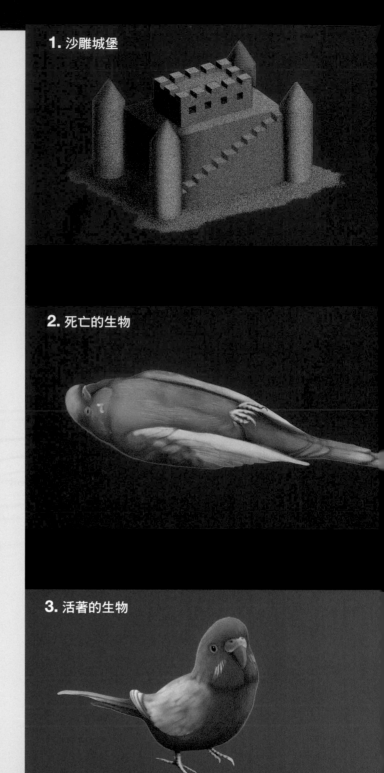

**1. 沙雕城堡**

**2. 死亡的生物**

**3. 活著的生物**

## 死亡生物與活著的生物之間的差異，會隨著時間推移而顯現出來

以沙雕城堡為例，當時間流逝（向右前進）構造就慢慢崩解（1）。死亡的生物也是物體，因此就如同沙雕城堡般，構造會隨著時間流逝而崩解（2）。另一方面，活著的生物即使時間推移，仍然可以維持結構不變（3）。

隨著時間流逝（向右前進），結構
會慢慢崩解（熵會增加）。

隨著時間流逝（向右前進），構造
會慢慢崩解（熵會增加）。

即使時間推移，構造也不會崩解
（熵不會增加）。

時間的推移

# 生物體內，不斷上演著細胞的「誕生」與「死亡」

為了維持身體的結構，生物必須要持續地進行某些運作。體內每天都會產生新的細胞，以取代老舊的細胞，這個現象就是所謂的「新陳代謝」（metabolism）。

製造新細胞的方法，就是「細胞分裂」（cell division，左頁插圖）。不過，如果細胞只是不斷增生，也會讓身體出現問題。「癌細胞」就是因為不斷分裂增生，導致對身體帶來負面影響的例子。

因此，細胞生（誕生）與死的平衡就顯得至關重要。為了保持平衡，生物備有強制讓部分細胞死亡的機制，也就是「細胞凋亡」（apoptosis，右頁上方插圖）。細胞凋亡，其實就是細胞「自殺」的過程。

另一方面，因燒傷或氧氣不足、病原體所造成的身體損傷，也會導致細胞的死亡，這一類

**A-3.** 中心體移向細胞兩極，染色體聚集在中間。

**A-2.** 核膜消失，內部的DNA聚縮形成染色體。中心體複製成2個。

染色體

**A-1.** 分裂前的細胞。細胞核中的DNA已複製成2倍。

**A-4.** 排列在細胞中央的染色體開始相互分離。

中心體

### 細胞的「誕生」

動物細胞的細胞分裂過程（A-1～A-7）。A-2～A-7的圖中，省略了染色體和中心體以外的胞器。分裂開始前（A-1），DNA已在細胞核中複製成2倍。細胞分裂時，DNA聚縮形成染色體並平均分配至二個子細胞中（A-2～A-6）。

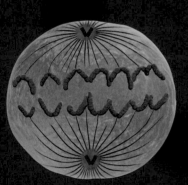

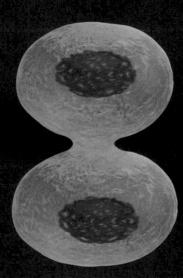

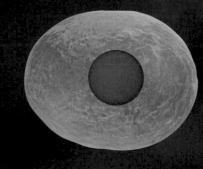

**A-5.** 分離的染色體各自向細胞兩極移動。

**A-7.** 細胞分裂，形成二個細胞（子細胞）。

**A-6.** 染色體往兩極移動，細胞開始從中央縊裂。

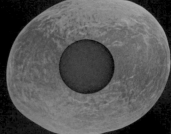

的細胞死亡（意外死、病死）稱為「細胞壞死」（necrosis，右頁下方插圖）。

當新生細胞的數量較多，身體就會成長；當死亡細胞的數量較多，身體就會萎縮。年輕時身高慢慢增長，老年時身高逐漸縮水，就是細胞誕生與死亡的平衡機制所致。

傷口的癒合，也是利用了細胞誕生與死亡的機制。例如手被割傷後，傷口周圍的細胞會加速分裂的速度以修復傷口。身體會先製造出大量的細胞，待目的達成後，再透過細胞凋亡的過程移除多餘的細胞。

## 藉細胞之生與死的平衡維持身體結構

左頁是細胞新生機制的「細胞分裂」示意圖；右頁是細胞「自殺」過程的「細胞凋亡」，以及細胞「意外死」或「病死」過程的「細胞壞死」示意圖。圖中的主角皆為動物細胞。透過誕生與死亡的平衡，生物的身體結構才得以維持正常。

但是也有細胞不遵循這個誕生與死亡的機制，例如人體的腦神經細胞、心臟的心肌細胞等等，都屬於難以汰舊換新的細胞。這一類細胞幾乎不會進行分裂（不會增生），因此使用年限較長。

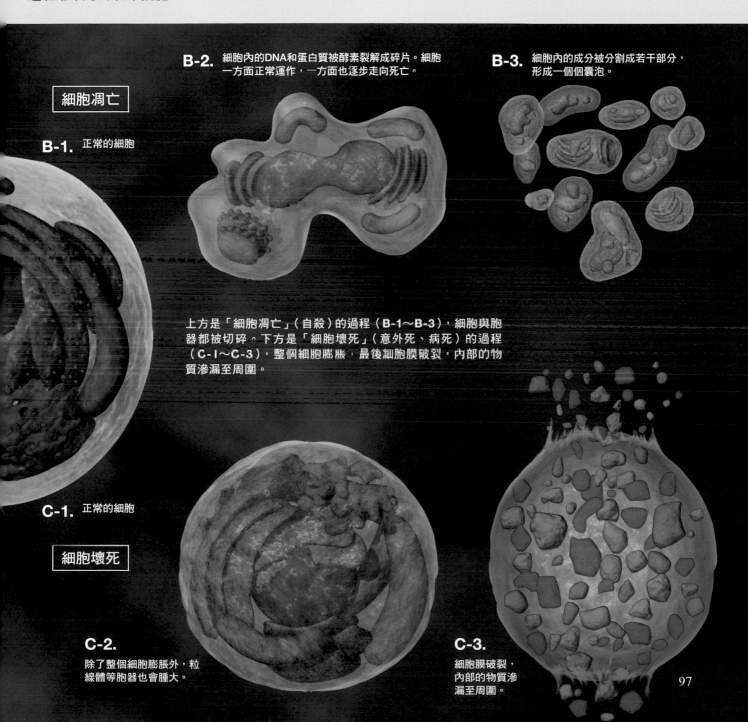

細胞凋亡

B-1. 正常的細胞

B-2. 細胞內的DNA和蛋白質被酵素裂解成碎片。細胞一方面正常運作，一方面也逐步走向死亡。

B-3. 細胞內的成分被分割成若干部分，形成一個個囊泡。

上方是「細胞凋亡」（自殺）的過程（B-1～B-3），細胞與胞器都被切碎。下方是「細胞壞死」（意外死、病死）的過程（C-1～C-3），整個細胞膨脹，最後細胞膜破裂，內部的物質滲漏至周圍。

C-1. 正常的細胞

細胞壞死

C-2. 除了整個細胞膨脹外，粒線體等胞器也會腫大。

C-3. 細胞膜破裂，內部的物質滲漏至周圍。

# 以外部攝取的材料為基礎，打造出複雜的構造

　　前面說過，生物會不斷製造新的細胞，同時淘汰老舊的細胞，以維持個體的結構。細胞分裂時，記錄了遺傳訊息的DNA會進行複製，產生一個和原先完全相同的DNA。此時的材料是由外部攝取的營養以及分解老舊細胞而來。換句話說，每當DNA和細胞增加，構成生物體的物質也會跟著汰舊換新。

　　DNA是一種結構高度複雜的分子。在DNA的複製過程中，會將從外部吸收的營養和分解老舊細胞得來的物質作為材料，以打造出精細的結構（右頁插圖）。像DNA複製這類「有序結構之生物體的新陳代謝」，就相當於「負熵」的過程。

　　物理學家薛丁格（Erwin Schrödinger）在其著作《生命是什麼》中，曾提出了「生物依賴吸取負熵以維持生命」的概念。也就是說，生物會利用從外部攝取物質和能量，製造出有序的構造（負熵），讓自然增加的熵得以維持在低熵狀態。

　　製造有序生物體結構的方法，就寫在「生命設計藍圖」的「DNA」（遺傳訊息）裡面。生物會以DNA的訊息作為基礎，利用由外部攝取而來的材料（無機物），打造出自己的身體（有機物）。🪐

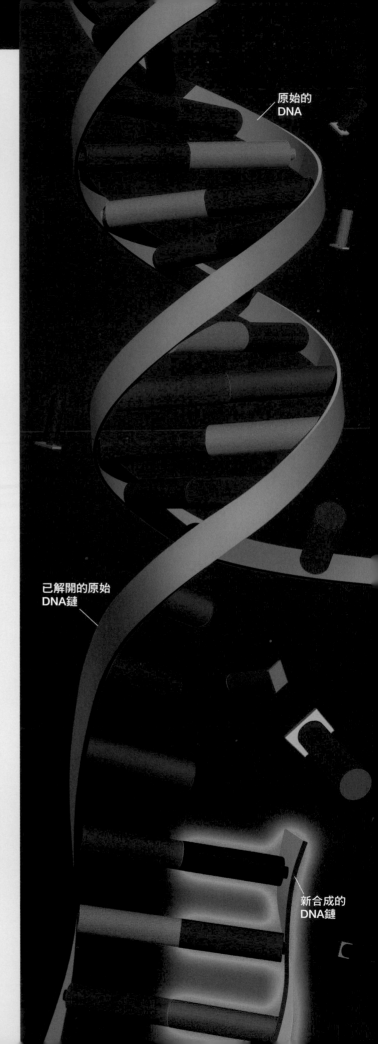

原始的DNA

已解開的原始DNA鏈

新合成的DNA鏈

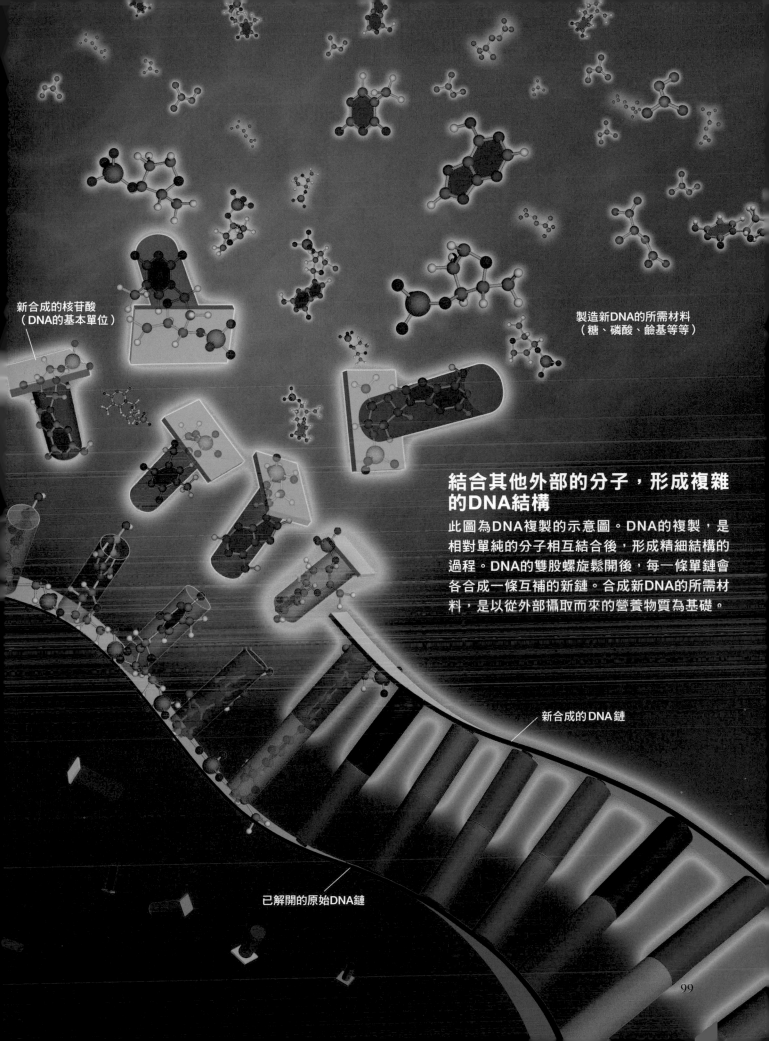

新合成的核苷酸
（DNA的基本單位）

製造新DNA的所需材料
（糖、磷酸、鹼基等等）

## 結合其他外部的分子，形成複雜的DNA結構

此圖為DNA複製的示意圖。DNA的複製，是相對單純的分子相互結合後，形成精細結構的過程。DNA的雙股螺旋鬆開後，每一條單鏈會各合成一條互補的新鏈。合成新DNA的所需材料，是以從外部攝取而來的營養物質為基礎。

新合成的DNA鏈

已解開的原始DNA鏈

99

# 能停止一切生命活動的生物「水熊蟲」的祕密？

生物會不斷地從外部攝取物質和能量，透過體內細胞的更新以維持「活著」的狀態。不過，自然界中也有並不適用這項生存法則的生物。

舉例來說，有種身長不到1毫米、名為水熊蟲（water bears）的小生物，在周圍環境變得乾燥時，體內原本高達80％的水分會降至個位數以下，體積也會跟

著縮小。這種既無法動彈也沒法從外部獲取營養的狀態稱為「乾眠」（anhydrobiosis）。換句話說，乾眠狀態的水熊蟲完全沒有生命活動的跡象。但只要給予水

**停止一切的活動，靜靜等待復活之日**
這是水熊蟲和蓮花排出體內水分、停止生命活動後又再次展開的示意圖。乾眠狀態的水熊蟲除了可以承受乾燥之外，也能在真空和輻射的環境下生存。根據研究報告顯示，水熊蟲在乾眠狀態下可以持續存活數年。此外，水熊蟲並非昆蟲，而是

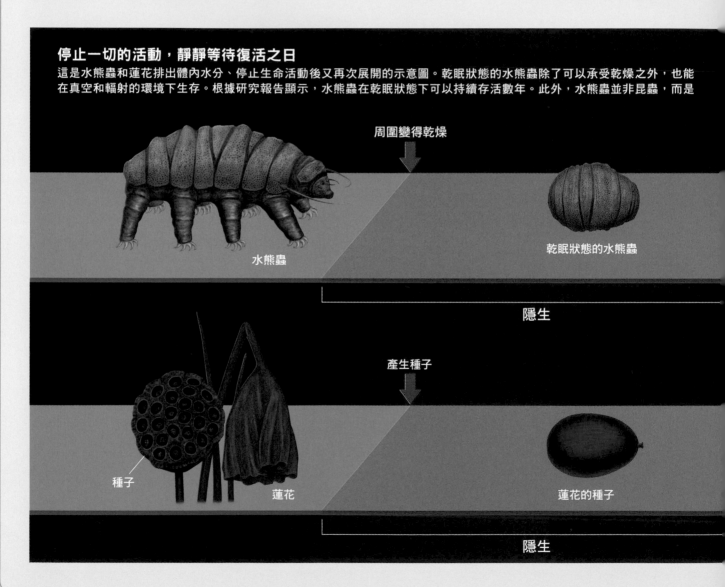

周圍變得乾燥

水熊蟲

乾眠狀態的水熊蟲

隱生

產生種子

種子

蓮花

蓮花的種子

隱生

分，身體就會恢復成原來的大小，繼續活動。

另外，也有在地底埋了2000年以上的蓮花種子，在發芽後順利開花的例子（日本千葉縣的「大賀蓮花」）。一般來說，植物種子的含水量並不高（約只有10％），幾乎沒有生命活動的跡象。種子必須在適宜的水分、溫度等條件下才會發芽，展開生命活動。

乾眠狀態的水熊蟲和蓮花的種子一樣，都會等到環境狀況好轉後才展開生命活動，所以絕非死亡的狀態。不過，水熊蟲和蓮花是藉由停止細胞內的化學反應，維持生物體的有序構造以阻止崩解，這一點與前面提及細胞透過不斷進行新陳代謝的阻止崩解的方法不同。

這種生命活動暫時停止的狀態稱為「隱生」（cryptobiosis），

也就是「隱藏的生命」的意思（乾眠即為隱生的一種）。

水熊蟲和植物的種子都是在生命活動做好再次展開的準備之後，才會停止生命活動。因此，被急速乾燥的水熊蟲，即使重新給予水分也不會「復活」。這是因為乾燥的速度過快，細胞還來不及做好再次展開生命活動的準備，就已死亡。 ☄

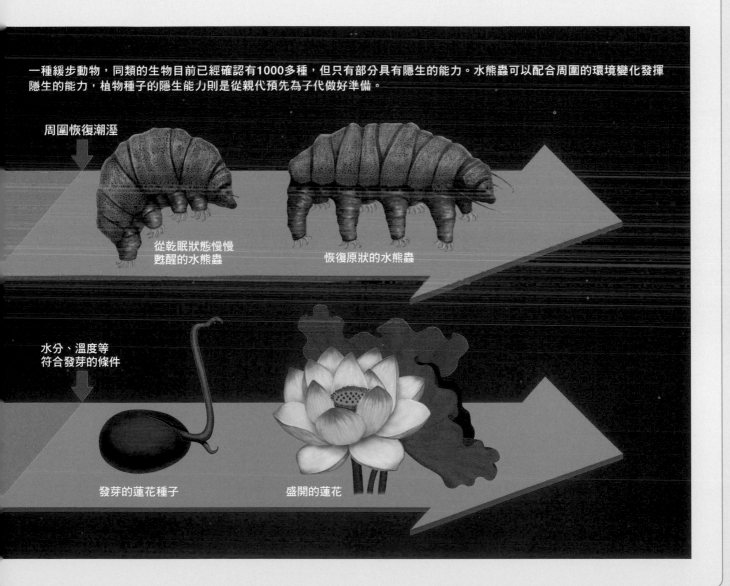

一種緩步動物，同類的生物目前已經確認有1000多種，但只有部分具有隱生的能力。水熊蟲可以配合周圍的環境變化發揮隱生的能力，植物種子的隱生能力則是從親代預先為子代做好準備。

周圍恢復潮溼

從乾眠狀態慢慢甦醒的水熊蟲

恢復原狀的水熊蟲

水分、溫度等符合發芽的條件

發芽的蓮花種子

盛開的蓮花

# 壽命的奧祕

協助　田沼靖一／小林武彥

人類及其他具雌雄「性別」的生物都有一定的壽命，無法打破自然法則永生不死。生物的「死亡」宿命，與性別的出現有很密切的關聯。

為何壽命有上限呢？決定壽命的關鍵又是什麼呢？在本章中，將一步步解開壽命的奧祕。

# 我們的身體內存在著兩種「死亡」

　　生物死亡的原因包括被其他生物捕食，或是生病等等。無論致死的理由是什麼，對生物而言，死亡就是「體細胞」的死亡。體細胞指的是精子、卵子這類「生殖細胞」以外的細胞，人體內約有37兆個體細胞。當這37兆個體細胞死亡時，人也會死亡。

　　細胞死亡的方式可分成「意外死亡」（壞死）和「凋亡」二種，因外傷或營養不足所引起的細胞死亡就是意外死。我們的身體內每天都有3000億～4000億個細胞自然死亡，換算成重量大約是200g，但會有新生成的細胞取而代之，所以體重並不會減輕。

## 從受精卵開始，最終分裂成近37兆個細胞

　　此圖為一個受精卵反覆進行細胞分裂直至成人的示意圖。受精卵分裂成2個細胞，2個又分裂成4個，依此類推……，等到經過46次分裂後，細胞的數量高達近70兆個，已經超過了成人細胞數量的37兆個。人體大部分細胞能分裂的次數是有限的，例如某種皮膚細胞在進行培養後發現可分裂25～50次。

　　右頁的成人身體輪廓圖中，有附上各器官的細胞分裂頻率等相關資訊（其他器官予以省略）。

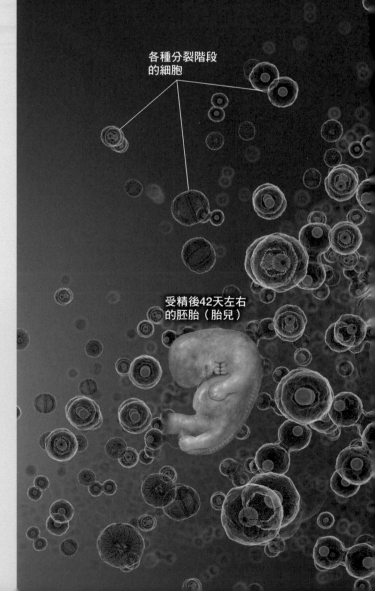

各種分裂階段的細胞

受精後42天左右的胚胎（胎兒）

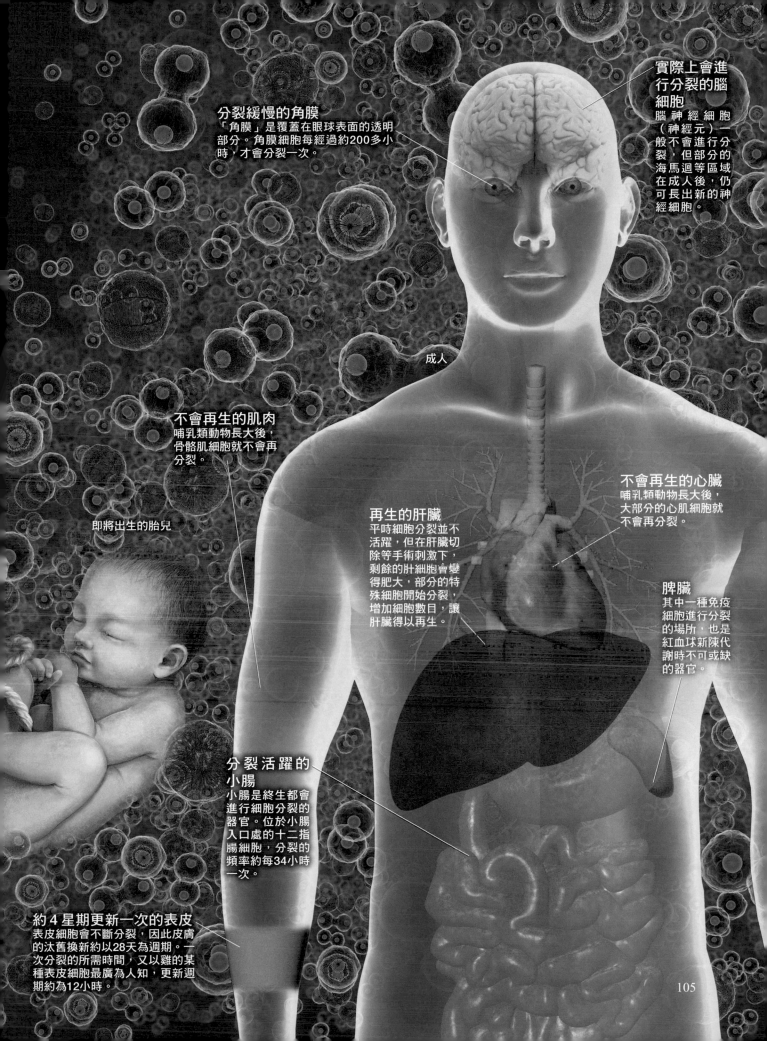

**分裂緩慢的角膜**
「角膜」是覆蓋在眼球表面的透明部分。角膜細胞每經過約200多小時，才會分裂一次。

**實際上會進行分裂的腦細胞**
腦神經細胞（神經元）一般不會進行分裂，但部分的海馬迴等區域在成人後，仍可長出新的神經細胞。

成人

**不會再生的肌肉**
哺乳類動物長大後，骨骼肌細胞就不會再分裂。

即將出生的胎兒

**再生的肝臟**
平時細胞分裂並不活躍，但在肝臟切除等手術刺激下，剩餘的肝細胞會變得肥大，部分的特殊細胞開始分裂，增加細胞數目，讓肝臟得以再生。

**不會再生的心臟**
哺乳,類動物長大後，大部分的心肌細胞就不會再分裂。

**脾臟**
其中一種免疫細胞進行分裂的場所，也是紅血球新陳代謝時不可或缺的器官。

**分裂活躍的小腸**
小腸是終生都會進行細胞分裂的器官。位於小腸入口處的十二指腸細胞，分裂的頻率約每34小時一次。

**約4星期更新一次的表皮**
表皮細胞會不斷分裂，因此皮膚的汰舊換新約以28天為週期。一次分裂的所需時間，又以雞的某種表皮細胞最廣為人知，更新週期約為12小時。

105

# 細胞又分為「定期票」和「回數票」二種類型

　　如果以細胞凋亡的機制來分類，體細胞可大致分成二種。一種是像腦神經細胞或心肌細胞般，從出生到死亡幾乎不再更新的細胞，這類細胞不會分裂，所以比較長壽，以人類為例，大約等於100年左右的壽命。這類型的細胞可比喻為使用期限很長的「定期票」。

　　另一種是如皮膚細胞般新陳代謝較旺盛的細胞，人體的皮膚約每4星期就會更新一次。這類型的細胞壽命不以時間來衡量，而是以分裂的次數來決定。以人體細胞為例，當細胞一分為二的過程重複50～60次後就會死亡，因此被比喻為「回數票」。

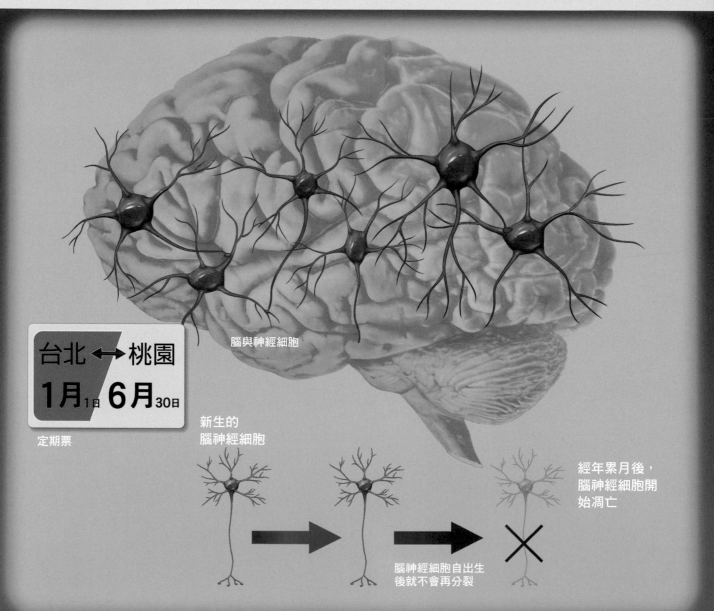

台北 ←→ 桃園
1月 1日 6月 30日

定期票

腦與神經細胞

新生的
腦神經細胞

腦神經細胞自出生
後就不會再分裂

經年累月後，
腦神經細胞開
始凋亡

### 隨著歲月推移迎來壽命盡頭的「定期票」型細胞

腦神經細胞在胎兒時期分裂增生，出生後幾乎不會再增加，數量逐漸減少。終其一生，平均每天都有近10萬個腦神經細胞陸續死亡。由於可長時間使用，但期限一到就會進入凋亡過程，所以將這類型的細胞比喻為「定期票」。不過，近年來也在腦內發現了會進行分裂的神經細胞。

人類的身體是由定期票類型的細胞和回數票類型的細胞所組成。對個體來說，當「定期票細胞」的死亡數量達到某個程度時，就足以致命。因為腦神經細胞、心肌細胞是攸關性命的關鍵。不過，像皮膚細胞等屬於回數票類型細胞，若細胞凋亡的進程太快，也可能會導致個體死亡。

另一方面，有些生物體內只有定期票型的細胞，也有些生物體內只有回數票型的細胞。例如昆蟲（僅限成蟲），就是只有定期票類型細胞的生物。由於昆蟲不會再分裂新的細胞，所以受傷後也無法自行癒合傷口。

只有回數票類型細胞的生物則如渦蟲等生物，具有很強的再生能力，即使被切成好幾段也能再生。可是回數票並非永久有效，個體總有一天還是會走到生命的盡頭。

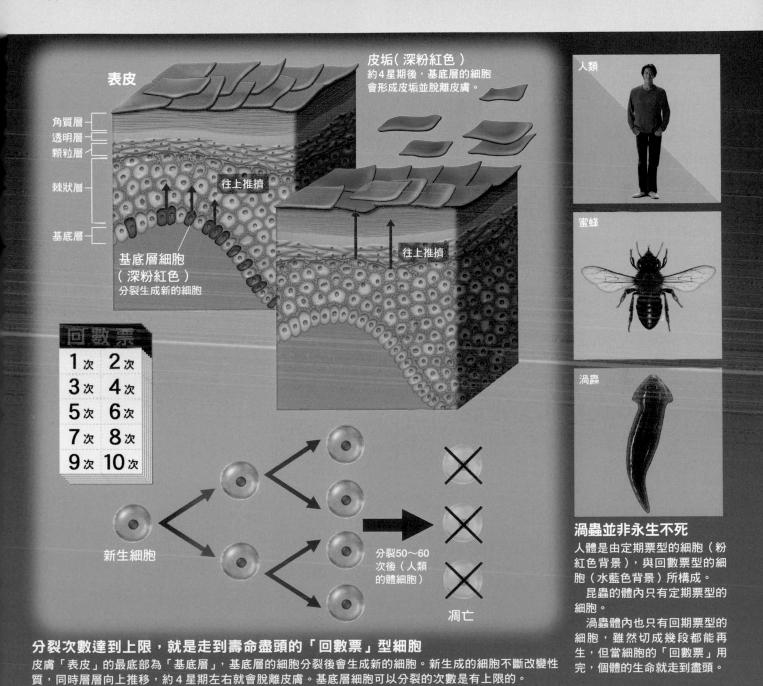

**表皮**

角質層
透明層
顆粒層
棘狀層
基底層

往上推擠

基底層細胞
（深粉紅色）
分裂生成新的細胞

皮垢（深粉紅色）
約4星期後，基底層的細胞會形成皮垢並脫離皮膚。

往上推擠

回數票

| 1次 | 2次 |
|-----|-----|
| 3次 | 4次 |
| 5次 | 6次 |
| 7次 | 8次 |
| 9次 | 10次 |

新生細胞

分裂50～60次後（人類的體細胞）

凋亡

人類

蜜蜂

渦蟲

**渦蟲並非永生不死**

人體是由定期票型的細胞（粉紅色背景），與回數票型的細胞（水藍色背景）所構成。

昆蟲的體內只有定期票型的細胞。

渦蟲體內也只有回期票型的細胞，雖然切成幾段都能再生，但當細胞的「回數票」用完，個體的生命就走到盡頭。

**分裂次數達到上限，就是走到壽命盡頭的「回數票」型細胞**

皮膚「表皮」的最底部為「基底層」，基底層的細胞分裂後會生成新的細胞。新生成的細胞不斷改變性質，同時層層向上推移，約4星期左右就會脫離皮膚。基底層細胞可以分裂的次數是有上限的。

能分裂的次數上限，端視細胞的種類而定。以人類為例，一般體細胞的極限是50～60次。由於分裂的次數有其上限，所以將這類型的細胞比喻為「回數票」。

# 為了維持生命的細胞自殺

定期票類型的細胞與回數票類型的細胞，死亡的過程各異。目前研究比較多的是回數票類型的細胞死亡，也就是「細胞凋亡」。細胞凋亡（apoptosis）一詞源自希臘語，有「草木花葉脫落、凋零」之意。

細胞凋亡的起因，來自於細胞的老化、荷爾蒙、病毒、輻射等各種刺激。

受到刺激的細胞，開始活化一種名為「凋亡蛋白酶」的酵素。凋亡蛋白酶會分解細胞內的蛋白質，其中也包括了平時負責抑制DNA（傳遞遺傳訊息）分解酵素的蛋白質。當蛋白質受到凋亡蛋白酶的破壞，分解酵素開始作用，就會引發DNA的片段化。DNA片段化之後，細胞便無法恢復正常的功能，換句話說，在這個時間點細胞已經死亡。

細胞最後會分解成多個小囊泡，被周圍的細胞或「巨噬細胞」（macrophage）所吸收。這一連串細胞凋亡的過程，只需要2～3小時。

只有老化或異常的細胞[※]會啟動細胞凋亡的程序，趁早汰除掉這些細胞，可以幫助身體維持正常的狀態，因此細胞凋亡被當成一種「為了維持生命的死亡」。

※：生物在打造複雜的身體結構時，也會用到細胞凋亡的機制。一開始先製造出細胞團塊，再透過細胞凋亡「削除」部分的細胞。以手指為例，胎兒時期手指間的細胞就是藉由細胞凋亡來移除。

## 細胞自殺的過程——細胞凋亡

此圖為回數票類型細胞的死亡，也就是細胞凋亡的示意圖。DNA被切割成細小的片段後，細胞也跟著瓦解四散，最終被周圍的細胞或巨噬細胞吸收。被吸收的細胞成分可回收再利用，成為製造新細胞的原料。

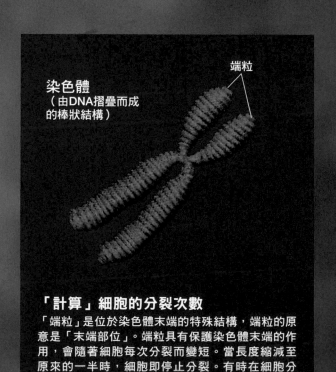

染色體
（由DNA摺疊而成的棒狀結構）

端粒

### 「計算」細胞的分裂次數

「端粒」是位於染色體末端的特殊結構，端粒的原意是「末端部位」。端粒具有保護染色體末端的作用，會隨著細胞每次分裂而變短。當長度縮減至原來的一半時，細胞即停止分裂。有時在細胞分裂停止後，就會啟動細胞凋亡的程序。

## 細胞凋亡

免疫細胞
（細胞毒性T細胞）

位於免疫細胞表面的蛋白質

蛋白質的受體

惰性狀態的凋亡蛋白酶

由粒線體釋放出的蛋
白質（細胞色素c）

活性狀態的
凋亡蛋白酶

凋亡蛋白酶

粒線體

蛋白質

切斷

### 1. 活化凋亡蛋白酶

當細胞癌化或是感染病毒時，會出現某種「免疫細胞」。所謂的免疫細胞是指具有排除異物功能的細胞。免疫細胞會在異常細胞的表面與蛋白質結合，並以此為信號，開始活化「凋亡蛋白酶」。此外，當DNA受損時，從細胞的「能量工廠」粒線體會釋放出一種名為「細胞色素c」的蛋白質，這種蛋白質也是活化凋亡蛋白酶的信號。

DNA分解酵素

DNA

核仁

### 2. 將蛋白質切成碎片

處於活性狀態的凋亡蛋白酶，會將細胞內的各種蛋白質切成碎片。在此影響下，DNA分解酵素也會將DNA切成片段。

### 3. 細胞變形

細胞的型態發生劇烈變化，
逐漸瓦解成小塊。

凋亡小體

### 4. 分解成小囊泡

細胞分解成多個稱為「凋亡小體」
的小囊泡。

# 與個體死亡直接關聯的細胞自殺

　　腦神經細胞、心肌細胞等壽命較長的細胞，並不會死於細胞凋亡，而是屬於另一種名為「生理死亡」（apobiosis）的死亡機制。

　　生理死亡這個名稱是由研究死亡起源的日本東京理科大學田沼靖一教授提出的。關於腦神經細胞的死亡還有許多未明之處，但已知與細胞凋亡是完全不同的死亡方式。為了有所區別，因此以意為「壽命已盡」的「apobiosis」來稱呼。

　　與細胞凋亡最大的不同，在於「DNA裂解後的片段較大」和「最後只會收縮起來，不會形成小囊泡」。對無法汰舊換新的腦神經細胞來說，細胞的死亡就是個體的死亡。生理死亡並不是身體為了維持正常運作的死亡，而是「與個體死亡直接關聯的死亡」。

## 細胞自殺的過程——生理死亡

此圖為定期票型細胞的死亡，也就是生理死亡的示意圖。步入死亡的神經細胞，與周圍神經細胞的連結會逐漸消失，細胞開始收縮，最終引發DNA的片段化。死於生理死亡的細胞與細胞凋亡不同，並不會瓦解成小塊，而是慢慢被巨噬細胞吸收，或直接棄於一旁。

心肌

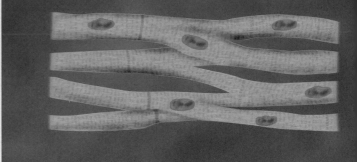

神經

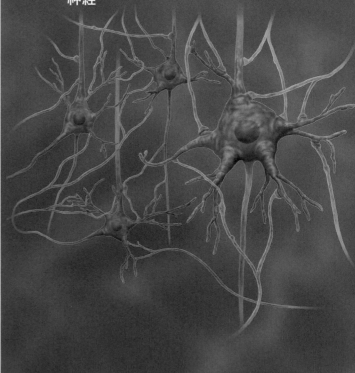

生理死亡

## 1. 「健康」的狀態
神經細胞與周圍的神經細胞
相互連結。

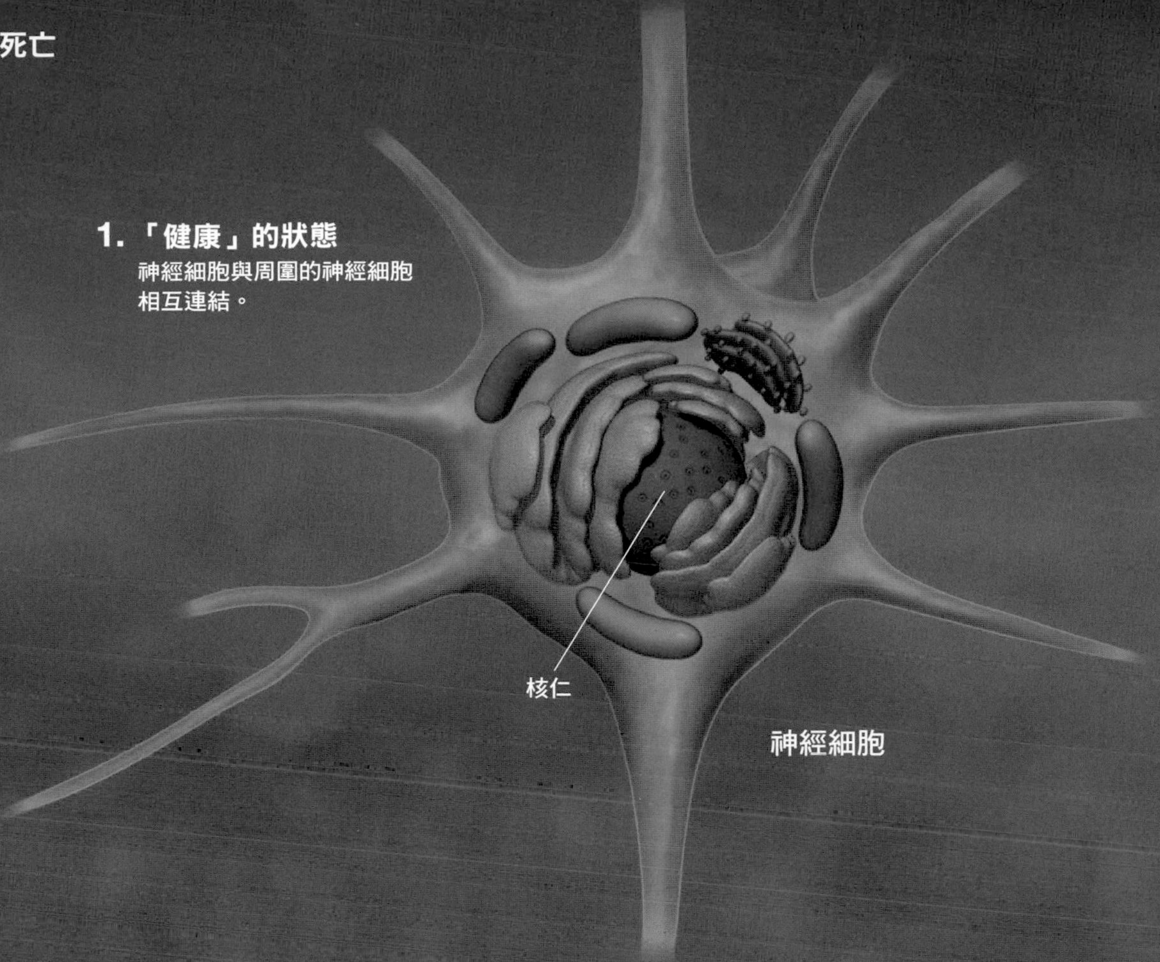

核仁

神經細胞

## 2. 連結變少
與周圍神經細胞的連結
變少，細胞逐漸收縮。

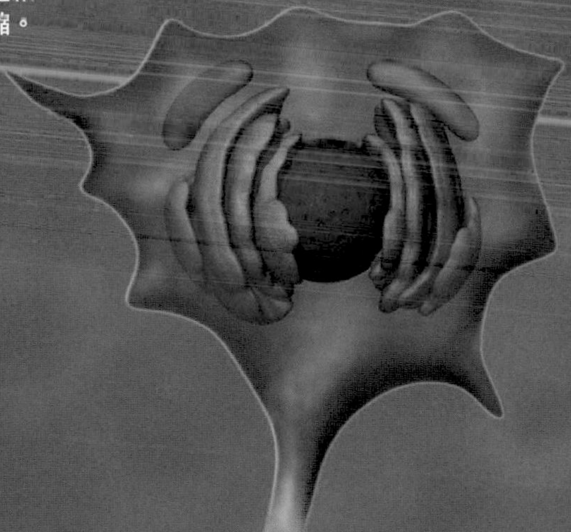

## 3. DNA片段化
與周圍神經細胞的連結消失，
DNA裂解成較大的片段。

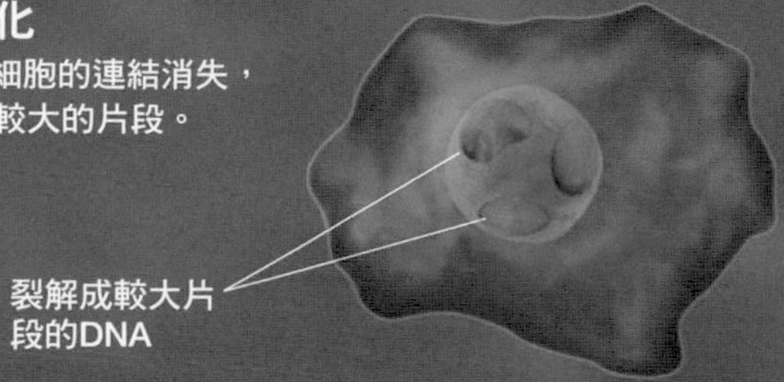

裂解成較大片
段的DNA

# 治療藥物會針對能夠抑制癌細胞凋亡的蛋白質產生效果

　　近年來已從研究中得知癌症、阿茲海默症、愛滋病、糖尿病等重大疾病,都與細胞死亡息息相關。其中癌症與細胞死亡的關係,更是常見的研究主題。

　　癌症是指因細胞異常分裂、增生,侵犯到正常細胞和器官而致死的疾病。由於癌細胞會消耗大量的養分,若是全身營養不足,就可能危及生命。

　　事實上,人體平常就會因基因的損傷,導致細胞異常增生形成癌細胞,可說人體每天都有癌細胞生成。

　　不過一般情況下,癌細胞在細胞凋亡的過程中就會死亡,並不會轉變為癌症;如果失去了引發細胞凋亡的能力,才會發展成癌症。

　　治療癌症的方法之一是採用「抗癌藥物」(抗癌劑)。所謂的抗癌藥物是指透過阻止癌細胞的增生,抑制DNA複製進而觸發細胞凋亡的藥物。但這類藥物也會對分裂旺盛的正常細胞(例如毛根細胞)造成影響,這也是抗癌藥物治療會引起脫髮副作用的緣故。

　　目前,仍在進行利用細胞凋亡的運作機制研發抗癌藥物的實驗。

　　細胞凋亡一旦啟動,細胞內的「凋亡蛋白酶」會處於活化狀態。目前已知某種蛋白質可抑制凋亡蛋白酶的活性,這就是「IAP蛋白」(inhibitor of apoptotic protein,細胞凋亡抑制蛋白)。在細胞凋亡機制下無法正常運作的癌細胞,雖然凋亡蛋白酶的活性增加,但由於IAP蛋白過多,因此陷入「死不了」的狀況。

　　如果能找出有效抑制IAP蛋白活性的物質,就能瞄準異常的癌細胞進行攻擊,保護正常細胞不受傷害。目前,抗癌新藥物的研究仍在持續進行中。

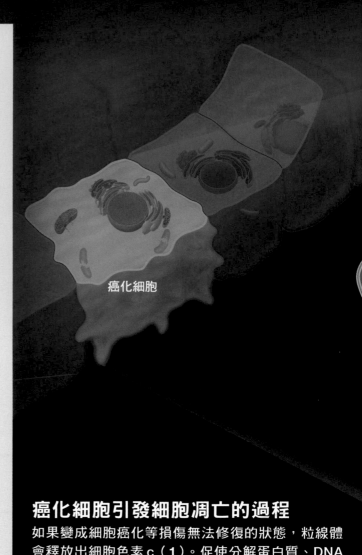

癌化細胞

## 癌化細胞引發細胞凋亡的過程

如果變成細胞癌化等損傷無法修復的狀態,粒線體會釋放出細胞色素 c(1)。促使分解蛋白質、DNA 的酵素活性化,並裂解成片段(2~4)。細胞瓦解成小塊,逐步邁入死亡(5~6)。

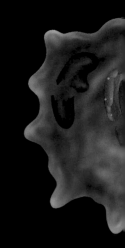

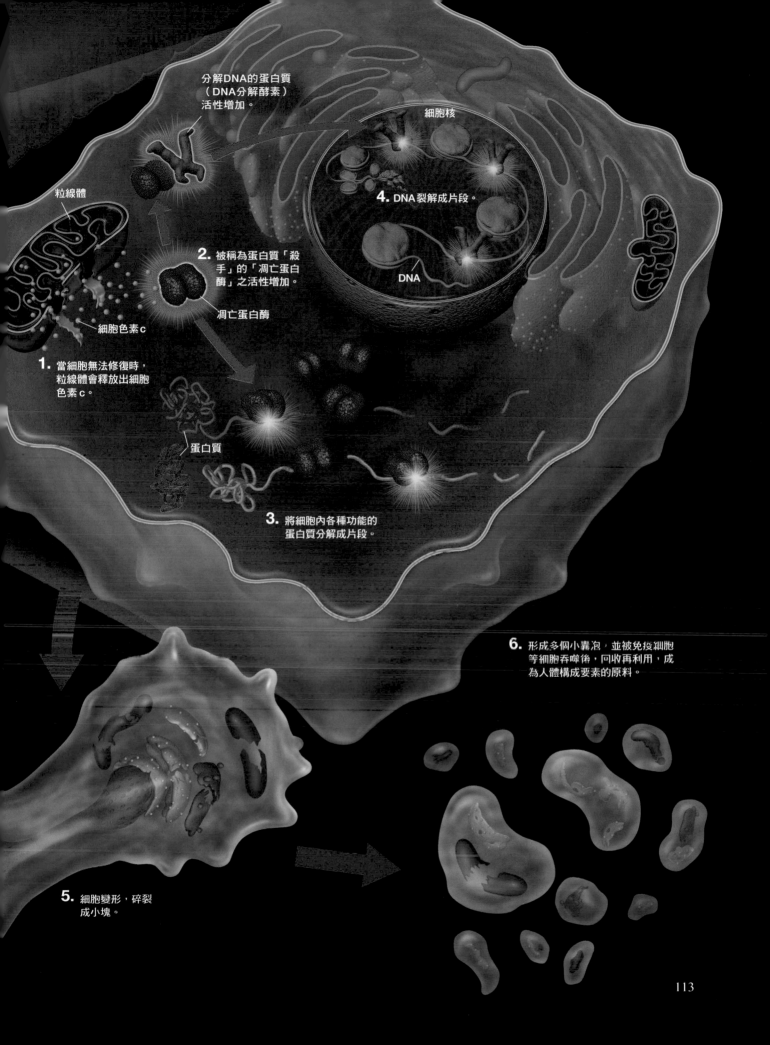

分解DNA的蛋白質
（DNA分解酵素）
活性增加。

細胞核

**4.** DNA裂解成片段。

DNA

粒線體

**2.** 被稱為蛋白質「殺手」的「凋亡蛋白酶」之活性增加。

凋亡蛋白酶

細胞色素c

**1.** 當細胞無法修復時，粒線體會釋放出細胞色素c。

蛋白質

**3.** 將細胞內各種功能的蛋白質分解成片段。

**6.** 形成多個小囊泡，並被免疫細胞等細胞吞噬後，回收再利用，成為人體構成要素的原料。

**5.** 細胞變形，碎裂成小塊。

113

# 「細胞死亡」進程過快的阿茲海默症

如果癌症是「因延遲細胞死亡而引發的疾病」，阿茲海默症就是「因細胞死亡進程過快而引發的疾病」。

阿茲海默症是大腦的神經細胞急遽減少所引起的病症。當前用來治療阿茲海默症的主要藥物，其目的並不是要阻止神經細胞的死亡，而是為了維持剩餘神經細胞之間的連結。

如果藥物可以阻止神經細胞死亡，當然再好不過。但可惜目前還無法實現，因為神經細胞的「生理死亡」機制還有許多未解之謎。由於神經細胞不會分裂增生，難以蒐集到可供實驗的材料。隨著生理死亡的研究有所突破，就能開發出更有效的治療方法。

## 殺死神經細胞

目前認為，阿茲海默症的致病成因，可能與腦內堆積過多的「β類澱粉蛋白」（amyloid beta）有關，這是「類澱粉蛋白假說」（amyloid hypothesis）。

β類澱粉蛋白是經由β分泌酶切除內嵌在細胞膜的「類澱粉前驅蛋白」所產生，如果聚集沉積，會形成斑塊。當β類澱粉蛋白堆積過多，導致突觸之間的訊息傳遞等活動出現異常，最終會導致神經細胞死亡。

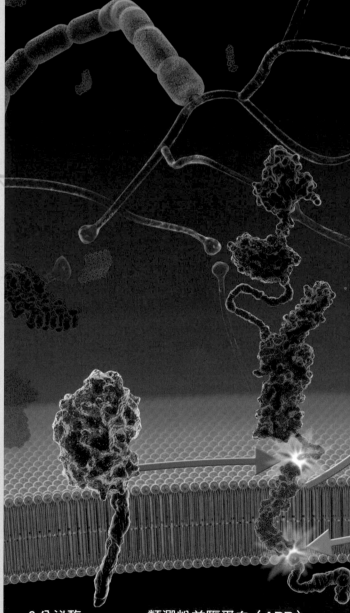

β分泌酶
β分泌酶的作用是切除細胞膜外面的APP。

類澱粉前驅蛋白（APP）
類澱粉前驅蛋白經β分泌酶及γ分泌酶切割後，會形成β類澱粉蛋白。

**老年斑塊**
β 類澱粉蛋白沉積在神經細胞的周圍，會形成有皺褶的結塊，這類塊狀物被稱為「老年斑塊」（senile plaques，俗稱老人斑）。

進入突觸間隙中的 β 類澱粉蛋白

**3. 部分神經細胞的突觸失去功能**
形成巨大塊狀物的 β 類澱粉蛋白，會造成神經細胞受損。如果 β 類澱粉蛋白進入突觸間隙中，也會導致訊息傳遞出現異常。

**2. β 類澱粉蛋白聚集**
切割後生成的 β 類澱粉蛋白濃度變高，β 類澱粉蛋白開始聚集沉積，形成巨大的塊狀物。

β 類澱粉蛋白

**1. 切割後生成 β 類澱粉蛋白**
β 類澱粉蛋白是由位於神經元細胞膜的「類澱粉前驅蛋白」，經由「β 分泌酶」和「γ 分泌酶」兩種酵素切割後所生成。

「吞噬」掉 β 類澱粉蛋白的微膠細胞

**γ 分泌酶**
γ 分泌酶的作用是切除內嵌在細胞膜裡面的APP。

神經元的細胞膜

註：β 分泌酶的構造是參考PDB ID:1SGZ（Hong, L.et al. Biochemistry, 2004），
APP的構造是參考1MWP（Rossjohn, J.et al. Nat.Struct. Biol., 1999），β 類
澱粉蛋白的構造是參考PDB ID:1IYT（Crescenzi, O.et al. EUR. J. BIOCHEM.,
2002），γ 分泌酶的構造是參考PDB ID:5FN2（Bai, X.C.et al. Elife, 2015）。

# 死亡始於有性生殖

　　在生物演化的歷史中，細胞死亡機制是何時開始出現的？

　　大腸菌是擁有 1 套基因的生物，像這樣的生物稱為「單倍體生物」（haploidy）。大腸菌經由分裂增生，增生時會預先複製 1 套基因，等到分裂的時候，就可以平均分配一套給子細胞。分裂生成的新個體，擁有與原來個體完全一樣的基因組合。

　　大腸菌只要有養分就能持續分裂、增生，分裂的次數並無上限。由於不含死亡基因，所以不會自然死亡，亦即永生不死。

　　從最早有生命誕生的近20億年間，地球上的生物都像大腸菌一樣，是透過分裂增生而來的單倍體生物。亦即，在這20億年間，生物都不會自然死亡（只會意外死亡）。但是在生命誕生過了20億年後，出現擁有細胞凋亡機制的生物。與單倍體生物不同，這類生物是持有 2 套基因的「二倍體生物」（diploidy），人類也是二倍體生物中的一員。

　　不會自然死亡的單倍體生物，以及會自然死亡的二倍體生物，為什麼會有這樣的差異呢？

　　幾乎所有的二倍體生物，都無法單靠分裂增生產生新個體，必須透過雄性與雌性的結合才能讓個體數目增加。雄性與雌性各自擁有的 2 套基因混合後，將其中 1 套基因放進生殖細胞（例如精子、卵子）。當父母的生殖細胞相遇，就會生成持有 2 套基因的個體（子代）。因此子代身上攜帶的基因組合，會與其他人持有的基因組成內容不同。如此一來，二倍體生物基因的組合種類變得多樣，也就代表新生成的個體在溫度、疾病抵抗力等方面都有些微的差異，也能在環境發生驟變時，降低生物滅絕的可能性。

　　二倍體生物的生殖過程稱為「有性生殖」（sexual reproduction）。單從二倍體生物擁有「性別」這點來看，就與大腸菌之類的單倍體生物有很明顯的區隔。大腸菌及其他單倍體生物的繁殖過程則稱為「無性生殖」（asexual reproduction）。

父親　　46條染色體
（圖中只畫出6條）
來自祖父　來自祖母
的染色體　的染色體

**1. 父母的染色體**
**（ 46條 ）**
　父母的細胞內各有23對，即46條的染色體。每對染色體的一半來自祖父，另一半來自祖母。

拼接組合
23條染色體
（ 圖中只畫出3條 ）

精子

**2. 精子、卵子的染色體**
**（ 23條 ）**
　來自祖父的染色體與來自祖母的染色體拼接後，形成擁有23條染色體的精子、卵子。每顆精子、卵子的拼接組合各有不同。

來自祖父的
染色體

來自祖母
的染色體

來自祖父的
染色體

來自父親的
23條染色體

**3. 小孩的染色體（ 46條 ）**
　精子中的23條染色體與卵子中的23條染色體受精後，結合成為46條染色體。如果將小孩的染色體視為100％，則其中有50％會與父親及母親相同，約25％會與4位祖父母相同。

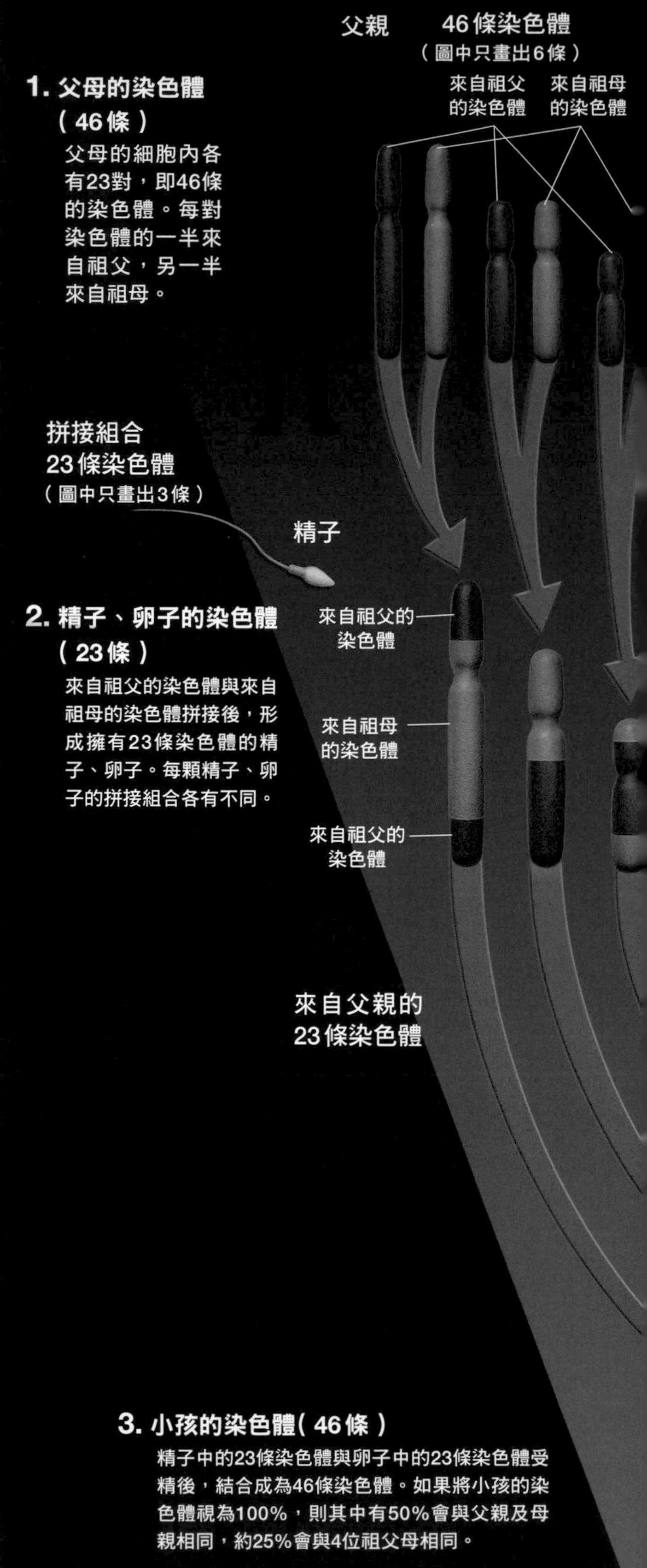

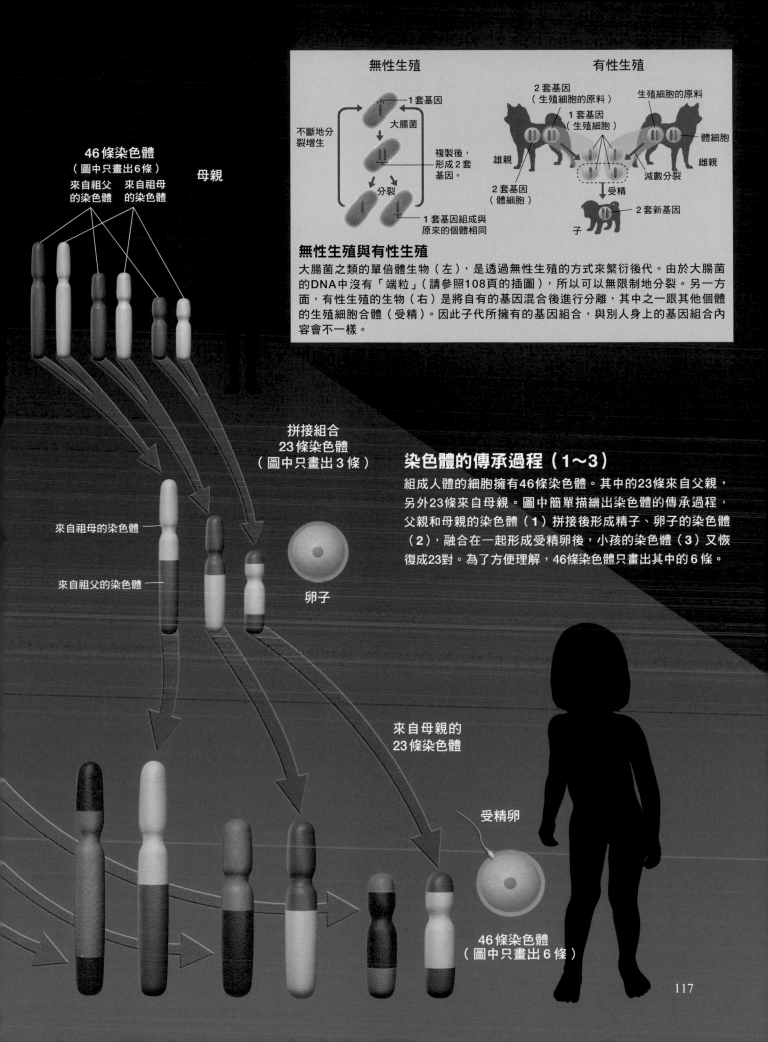

## 無性生殖與有性生殖

大腸菌之類的單倍體生物（左），是透過無性生殖的方式來繁衍後代。由於大腸菌的DNA中沒有「端粒」（請參照108頁的插圖），所以可以無限制地分裂。另一方面，有性生殖的生物（右）是將自有的基因混合後進行分離，其中之一跟其他個體的生殖細胞合體（受精）。因此子代所擁有的基因組合，與別人身上的基因組合內容會不一樣。

## 染色體的傳承過程（1～3）

組成人體的細胞擁有46條染色體。其中的23條來自父親，另外23條來自母親。圖中簡單描繪出染色體的傳承過程，父親和母親的染色體（1）拼接後形成精子、卵子的染色體（2），融合在一起形成受精卵後，小孩的染色體（3）又恢復成23對。為了方便理解，46條染色體只畫出其中的6條。

無性生殖

有性生殖

2套基因
（生殖細胞的原料）

生殖細胞的原料

1套基因
（生殖細胞）

體細胞

雄親

雌親

減數分裂

受精

2套基因
（體細胞）

子

2套新基因

1套基因

大腸菌

複製後，
形成2套基因。

不斷地分裂增生

分裂

1套基因組成與原來的個體相同

46條染色體
（圖中只畫出6條）

來自祖父的染色體　來自祖母的染色體

母親

來自祖母的染色體

來自祖父的染色體

拼接組合
23條染色體
（圖中只畫出3條）

卵子

來自母親的
23條染色體

受精卵

46條染色體
（圖中只畫出6條）

# 有了「死亡」，才出現「性別」之分

二倍體生物擁有性別的機制，同時也具備死亡的機制。性別和死亡之間，有什麼關聯性嗎？

進行有性生殖時，基因會相互融合，因此可製造出具有多樣基因組合的個體。雖然有機會產出能適應不同生存環境的個體，但也可能會出現基因組合異常的個體。

雖然攜帶異常基因的個體可能在成長前就死亡，但由於二倍體生物有2套基因，即便其中1

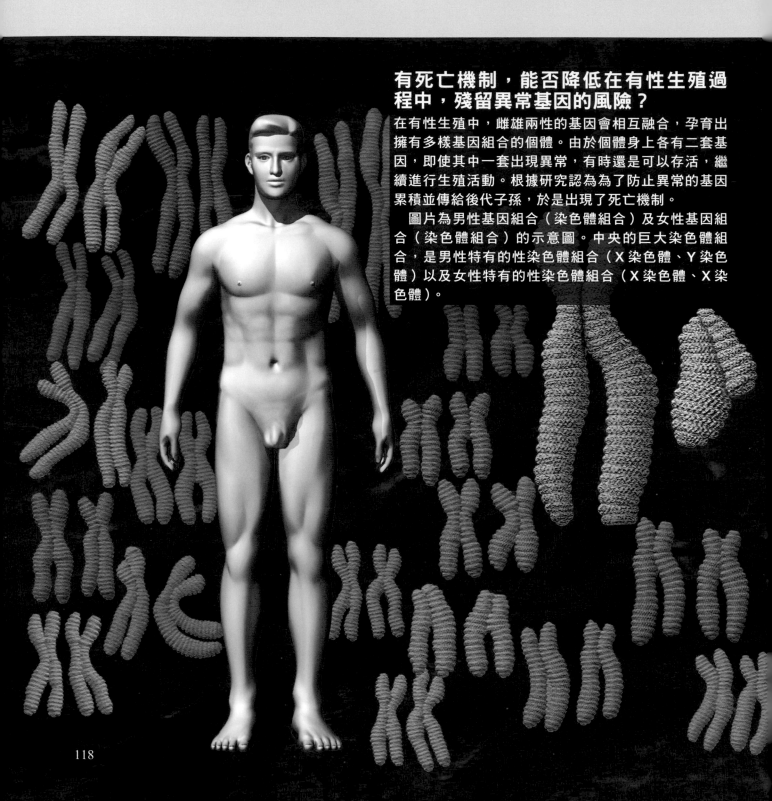

## 有死亡機制，能否降低在有性生殖過程中，殘留異常基因的風險？

在有性生殖中，雌雄兩性的基因會相互融合，孕育出擁有多樣基因組合的個體。由於個體身上各有二套基因，即使其中一套出現異常，有時還是可以存活，繼續進行生殖活動。根據研究認為為了防止異常的基因累積並傳給後代子孫，於是出現了死亡機制。

圖片為男性基因組合（染色體組合）及女性基因組合（染色體組合）的示意圖。中央的巨大染色體組合，是男性特有的性染色體組合（X染色體、Y染色體）以及女性特有的性染色體組合（X染色體、X染色體）。

118

套基因出現變異，只要另外 1 套還維持正常運作，有時仍能順利成長。但異常的基因也包含在生殖細胞中，因此也有可能遺傳給後代子孫。

田沼教授表示：「如果異常基因沒有消失，不斷累積並傳給後代子孫，未來可能無法再孕育出正常的個體，引發物種滅絕。」

正因如此，部分生物才演化出「死亡」的機制。「這類生物即使在演化過程的有性生殖中發現異常的基因組合，也能透過去除機制（死亡程序）進行處理。也因為如此，這些生物才能存活至今，並得以繼續繁衍」（田沼教授）。

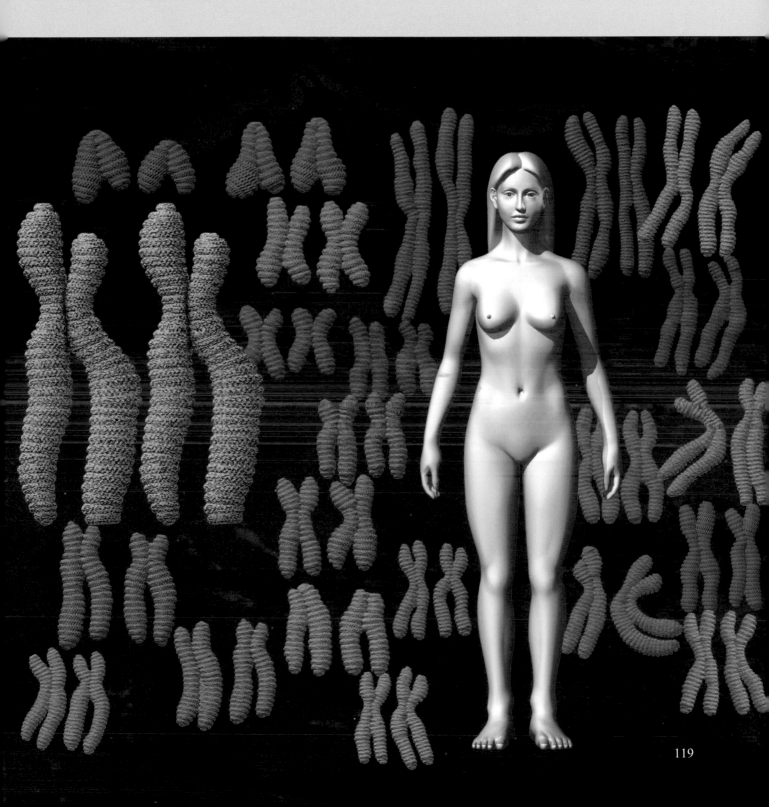

# 死亡機制起源於草履蟲

田沼教授表示：「從最初的死亡機制出現至今，死亡機制本身也在持續演化。」草履蟲（學名：Paramecium）是二倍體的單細胞生物，同時也是最常用來研究性別與死亡機制的生物。

草履蟲有大核和小核二個細胞核（右圖），草履蟲即使小核被取出仍能存活，因為生命活動的必要資訊都來自大核。但如果沒有小核，草履蟲就無法進行有性生殖。

草履蟲分裂600～700次後，就會因發生異常而致死。不過在此之前，如果能經由有性生殖將基因重新組合，就可延續生命。

進行有性生殖時，兩隻草履蟲會互換小核並形成新的小核。另一方面，原來的大核變成碎片逐漸消失後，由新的小核透過複製，生成一個新的大核。

小核傳承給下一代後，大核就退化消失。這跟人類將生殖細胞遺傳給後代，自己的軀體也終會消失的關係很相似。也因為如此，死亡機制被認為是起源於二倍體的單細胞生物。

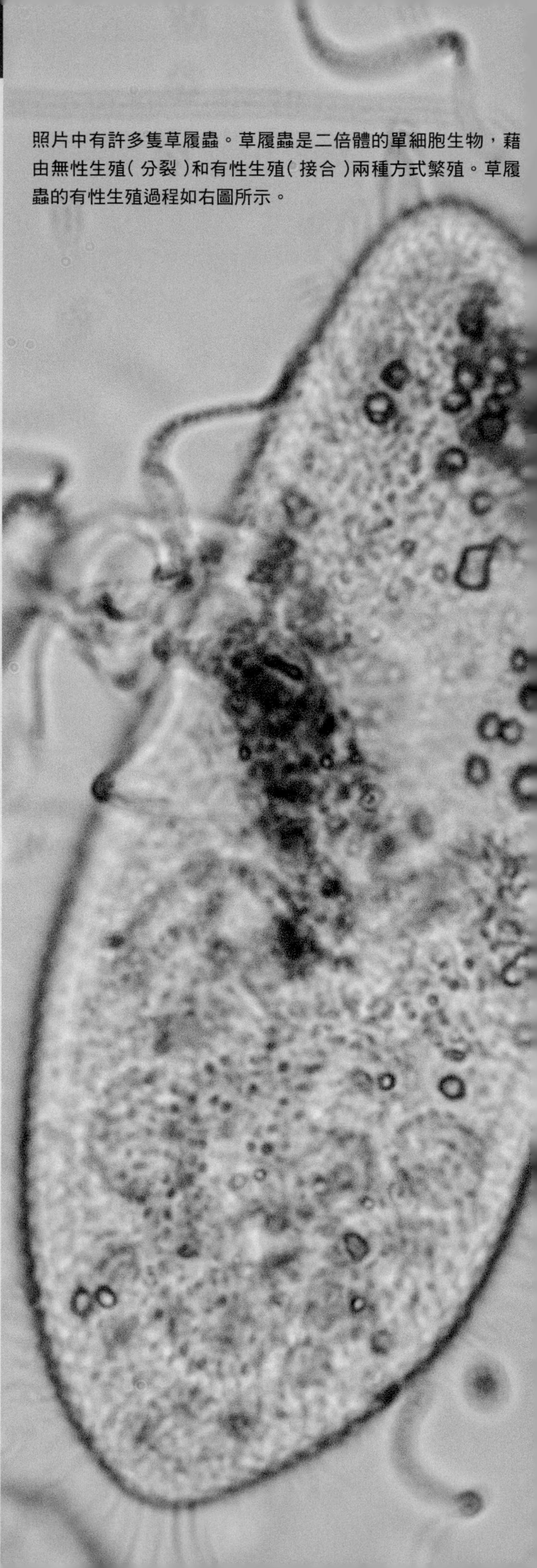

照片中有許多隻草履蟲。草履蟲是二倍體的單細胞生物，藉由無性生殖（分裂）和有性生殖（接合）兩種方式繁殖。草履蟲的有性生殖過程如右圖所示。

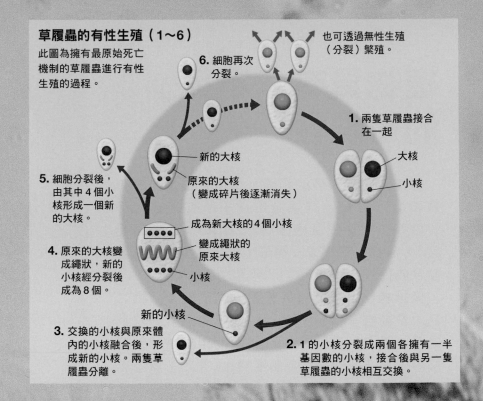

## 草履蟲的有性生殖（1～6）

此圖為擁有最原始死亡機制的草履蟲進行有性生殖的過程。

**6.** 細胞再次分裂。

也可透過無性生殖（分裂）繁殖。

**1.** 兩隻草履蟲接合在一起

大核

小核

新的大核

原來的大核（變成碎片後逐漸消失）

成為新大核的4個小核

變成繩狀的原來大核

小核

新的小核

**5.** 細胞分裂後，由其中4個小核形成一個新的大核。

**4.** 原來的大核變成繩狀，新的小核經分裂後成為8個。

**3.** 交換的小核與原來體內的小核融合後，形成新的小核。兩隻草履蟲分離。

**2.** 1的小核分裂成兩個各擁有一半基因數的小核，接合後與另一隻草履蟲的小核相互交換。

# 植物具有「不死」的可能性

　　從植物切下部分的組織，利用調節生長的荷爾蒙進行培養，結果發現幾乎所有的細胞都會增殖，並形成細胞團塊（callus，即癒傷組織）。若提供荷爾蒙及養分，細胞團塊就能再度發育成完整的個體，亦即所謂的複製植物。

　　像這樣「可以發展成完整個體的能力」稱之為「全能性」（totipotent），植物的細胞就具備全能性。切下組織、形成癒傷組織並發育成個體，只要這個過程持續重複，「死亡」就不存在。也就是說，植物擁有不死的潛在能力。

　　由於動物的體細胞已經失去了全能性，所以不具備像植物那般的潛在能力。但就算動物的體細胞沒有全能性，只要具有「多能性」（pluripotency），即可藉由特殊的技術，恢復原來的狀態。多能性是指「能形成各式各樣組織或器官細胞的能力」，可透過人工方式恢復多能性狀態的細胞，就是近年來廣受矚目的「iPS細胞」（induced pluripotent stem cell，又稱為誘導多能性幹細胞）。

　　此外，植物也會引發細胞凋亡。一旦受到病毒侵襲，感染部位會經由細胞凋亡的機制自殺，與病毒「同歸於盡」以阻止感染擴散。

### 細胞的專門化過程，宛如從斜坡滾落一般

此圖並非以細胞專門化的先後順序，而是以坡道上的所處位置呈現各種細胞分化能力高低的示意圖。圖中的箭頭代表以人工方式改變細胞種類的方法。

　　細胞的專門化稱為「分化」。舉例來說，就像是小孩一開始擁有無限的可能性，但會在成長的過程中找到擅長的領域，最後決定自己的就業方向。英國生物學家沃丁頓（Conrad Waddington，1905～1975），在1950年代提出了「分化後的細胞無法再回到原本狀態」的概念，就如同「滾落山谷中的球」一般。這個概念被稱為「表徵遺傳地景說」（epigenetic landscape）。

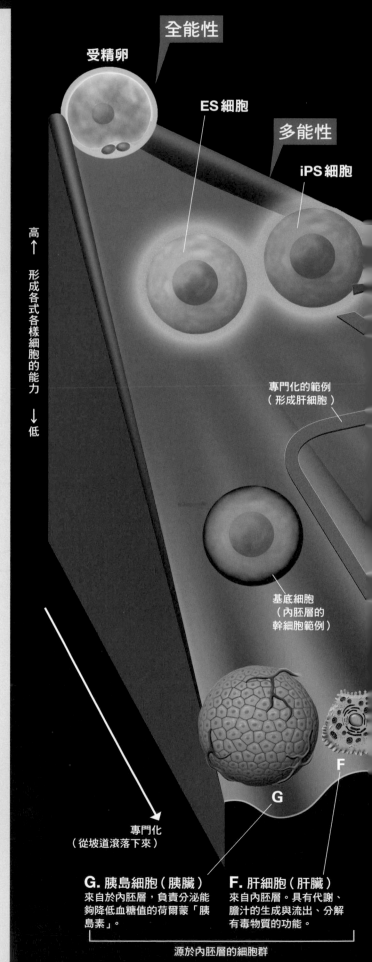

全能性

受精卵

ES 細胞

多能性

iPS 細胞

高 ↑　形成各式各樣細胞的能力　↓ 低

專門化的範例
（形成肝細胞）

基底細胞
（內胚層的
幹細胞範例）

專門化
（從坡道滾落下來）

F

G

**G. 胰島細胞（胰臟）**
來自於內胚層，負責分泌能夠降低血糖值的荷爾蒙「胰島素」。

**F. 肝細胞（肝臟）**
來自內胚層。具有代謝、膽汁的生成與流出、分解有毒物質的功能。

源於內胚層的細胞群

原生質體
（一個沒有細胞壁
的細胞，細胞內的
顆粒為葉綠體）

癒傷組織
（不具分化
能力的細胞
團塊）

幼植物體

完整的植株

### 植物可從一個細胞，再生成另一株完整的植物

先利用酵素處理菸葉，除去植物細胞周圍的細胞壁，分離出裸細胞（原生質體）。將細胞放在條件適合的環境下培養，形成不具特定分化能力的細胞團塊（癒傷組織），接著長出有莖有葉的幼植物體。植入土中後，即可長成一株完整的菸草。一般來說，植物擁有只憑一個細胞，就能再生出完整個體的能力。

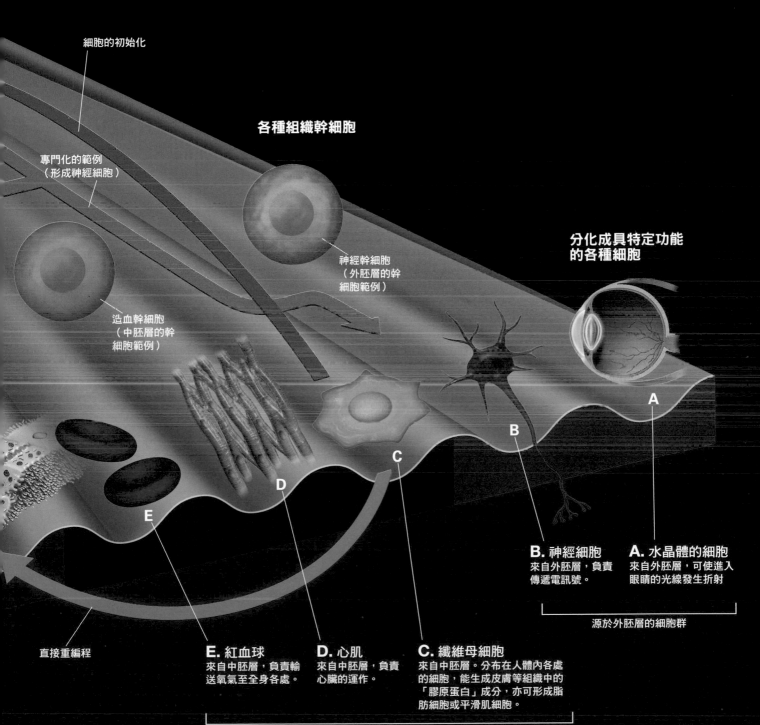

細胞的初始化

專門化的範例
（形成神經細胞）

### 各種組織幹細胞

神經幹細胞
（外胚層的幹
細胞範例）

### 分化成具特定功能
的各種細胞

造血幹細胞
（中胚層的幹
細胞範例）

**B. 神經細胞**
來自外胚層，負責
傳遞電訊號。

**A. 水晶體的細胞**
來自外胚層，可使進入
眼睛的光線發生折射

源於外胚層的細胞群

直接重編程

**E. 紅血球**
來自中胚層，負責輸
送氧氣至全身各處。

**D. 心肌**
來自中胚層，負責
心臟的運作。

**C. 纖維母細胞**
來自中胚層。分布在人體內各處
的細胞，能生成皮膚等組織中的
「膠原蛋白」成分，亦可形成脂
肪細胞或平滑肌細胞。

源於中胚層的細胞群

123

# 何謂生物體的遺傳訊息「DNA」?

如前所述,生物演化中的「死亡」機制,是在交換基因、繁衍後代的二倍體生物出現以後生成的。藉由交換的過程,可以刪除帶有異常的基因組合。

但是隨著年紀增長,每個人最後一定會死。這在生物學上又代表什麼意義呢?

維持生命活動的必要訊息,都已寫入DNA長鏈。所謂的DNA是指以 A、T、G、C 四種鹼基配對(鹼基是含碳、氮原子的環狀化合物,英文為base)所組成的遺傳「密碼」,每組DNA有雙股長鏈。雙股DNA長鏈之間,會按照 A 和 T 配對、G 和 C 配對的方式規律地連結(請參照右頁插圖)。

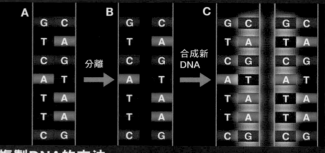

**複製DNA的方法**
成對的DNA(A)在分離後(B),每條單鏈上的DNA鹼基序列與核苷酸互補,形成新的DNA鏈(C,插圖中的發光長鏈)。這條新的DNA鏈上的鹼基序列,與分離前成對的DNA鏈上的鹼基序列相同。

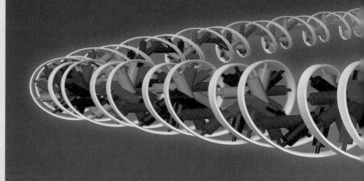

## 細胞核中塞滿DNA

插圖中描繪了細胞、細胞核以及塞滿細胞核的DNA。DNA是生命的設計藍圖，由A、T、G、C四種鹼基排列而成。

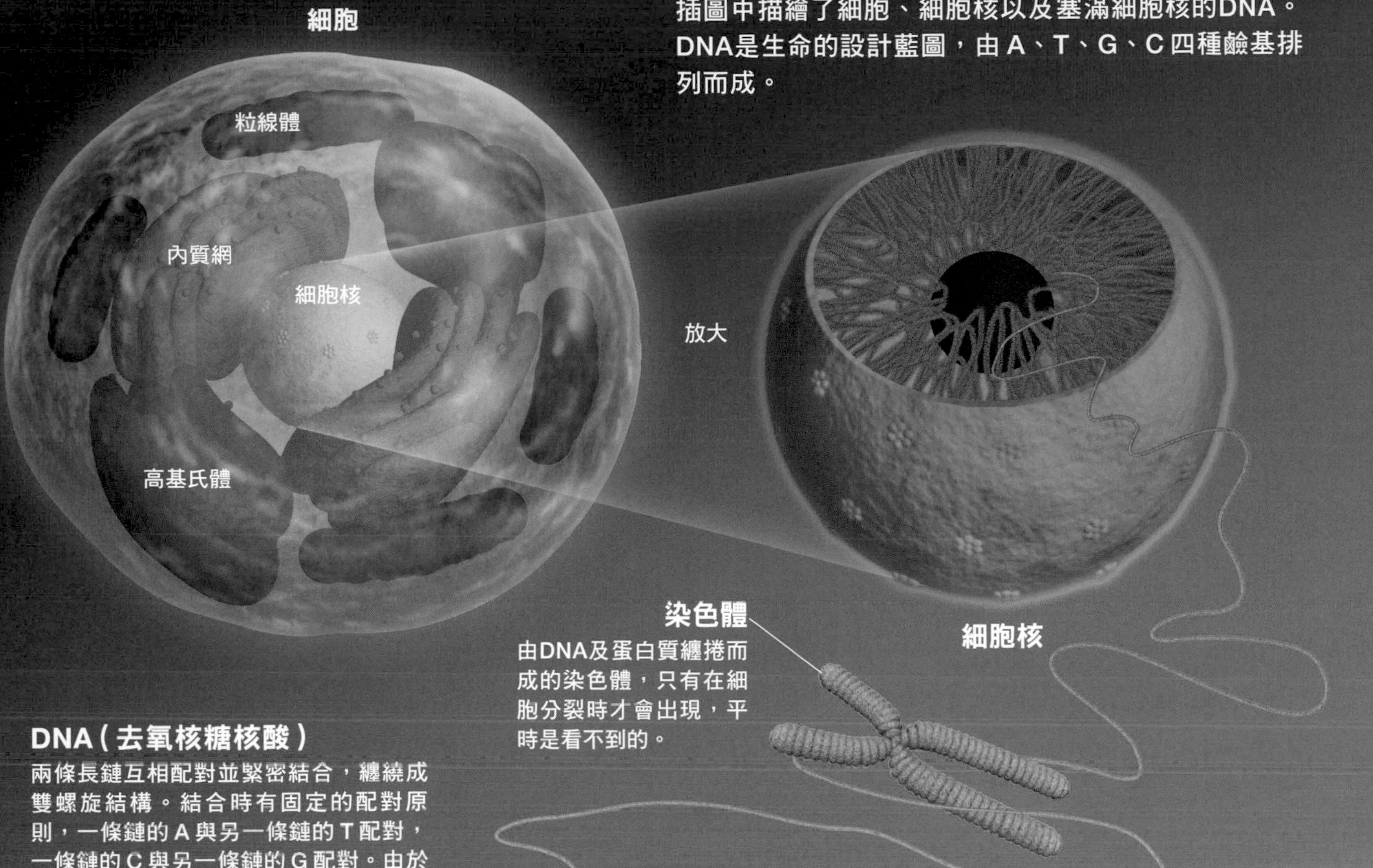

**細胞**

粒線體

內質網

細胞核

高基氏體

放大

細胞核

**染色體**

由DNA及蛋白質纏捲而成的染色體，只有在細胞分裂時才會出現，平時是看不到的。

## DNA（去氧核糖核酸）

兩條長鏈互相配對並緊密結合，纏繞成雙螺旋結構。結合時有固定的配對原則，一條鏈的A與另一條鏈的T配對，一條鏈的C與另一條鏈的G配對。由於細胞核內存在著許多酸性物質，所以被命名為「核酸」。

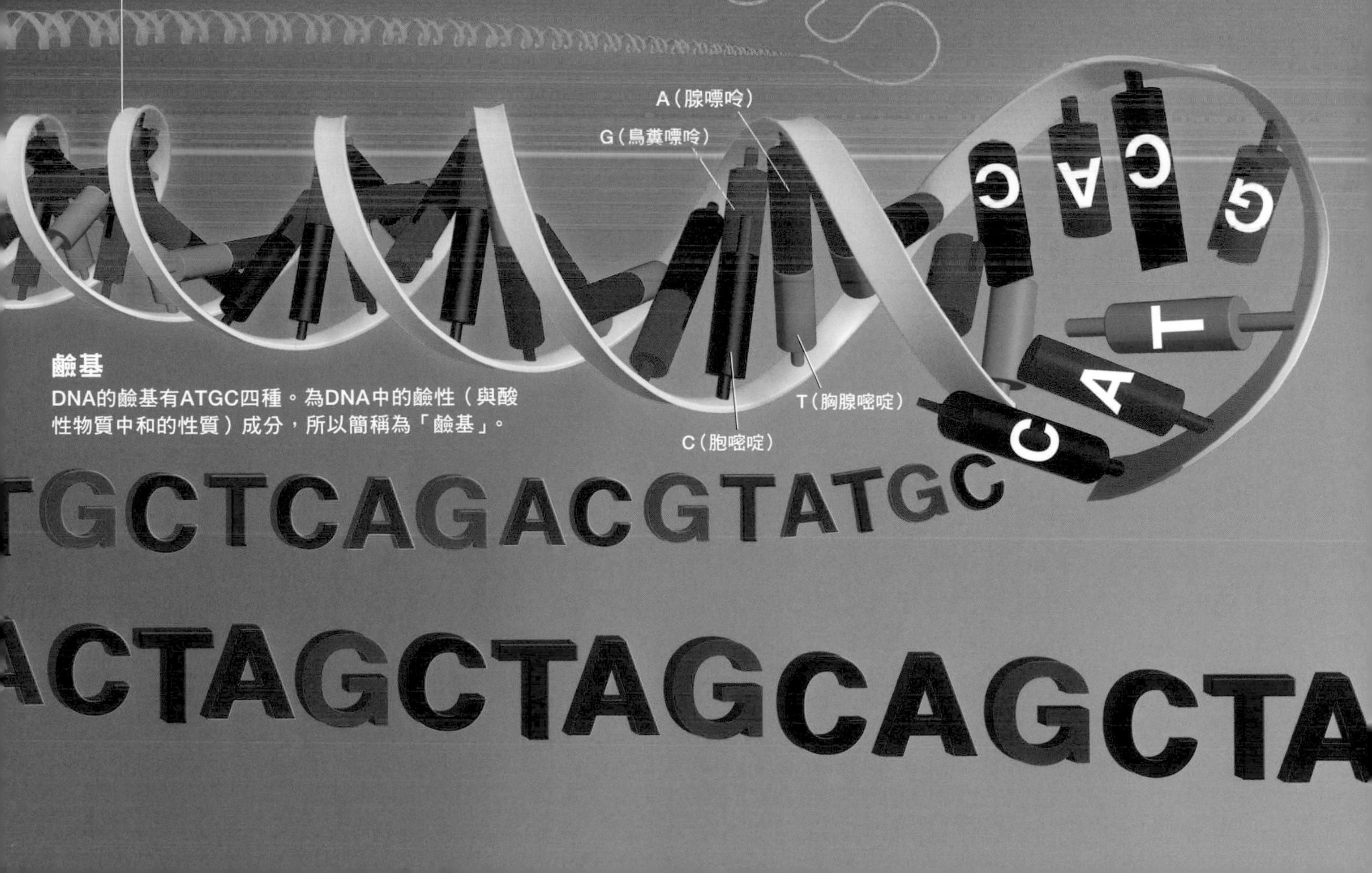

A（腺嘌呤）

G（鳥糞嘌呤）

T（胸腺嘧啶）

C（胞嘧啶）

## 鹼基

DNA的鹼基有ATGC四種。為DNA中的鹼性（與酸性物質中和的性質）成分，所以簡稱為「鹼基」。

TGCTCAGACGTATGC

ACTAGCTAGCAGCTA

# 受損的DNA能完全修復嗎？

細胞分裂時會正確地複製DNA，但有時還是會出現複製錯誤的情況。

此外在日常生活中，也會因紫外線等原因造成DNA的「損傷」。損傷指的是改變原本的鹼基或是失去鹼基。細胞中的DNA（共有30億個鹼基對），每天都會發生數千起的損傷事件。

細胞內也有造成損傷的來源，也就是粒線體。粒線體藉由氧氣「燃燒」醣類後，製造出維持生命活動所需的能量（ATP分子），但在反應的過程中會生成「活性氧類」。活性氧類是一種反應性很強的物質，容易導致DNA、蛋白質、脂質受損。

如果放任這些損傷不管，會影響人體生命活動的運作，因此DNA必須透過修復酶不斷地修復損傷。目前已經證實，當修復酶失去作用，老化速度會變快、甚至引發疾病。

不過，老化的機制目前仍未有定論，還處於針對多方原因進行探討的研究階段。現今認為，基因的損傷增加，也可能是加速老化的原因之一。

## 沒有修復的損傷會持續累積

基因的修復作業雖然一直在進行，但有不到千分之一的鹼基損傷無法正常修復。而且不只體細胞，生殖細胞也會受到損傷。

據田沼教授所言，「從長壽個體的基因中，能發現到許多損傷。如果使用該個體的生殖細胞繁衍後代，則會累積更多的損傷，並增加該生物種滅絕的可能性。最安全的迴避方法是在一定程度的時間後，就啟動老舊個體的死亡程序」。人類的DNA擁有極高的損傷修復能力，所以在數十年的壽命中，並不會造成太多的損傷。如果人能活到200歲或300歲，或許問題就會浮上檯面了。為了避免這樣的情況，人體預先設定了死亡程序。

年老個體死亡的理由，被認為是如果每個人都永遠活著，居住的場所和食物一定會不夠。但田沼教授認為「這並不是生物死亡的根本理由」。即使食物永不匱乏，為了避免物種的滅絕，還是必須要有削除機制，才能除去累積損傷的個體。

損傷過多的老舊個體能透過「死亡」削除，可是像大腸菌之類的生物並不具備細胞自殺的機制，難道不會累積損傷嗎？

無論是單倍體生物還是二倍體生物，都會出現損傷。不過大腸菌等單倍體生物只擁有一套基因，所以一旦受損，就會立即影響維持生命活動的功能。

換句話說，單倍體生物的細胞由於沒有自然死亡的機制，受損時容易導致個體的死亡，但整體來說比較不會累積損傷；二倍體生物則因擁有二套基因，所以受損時不會馬上造成個體的變化，但卻容易累積損傷。

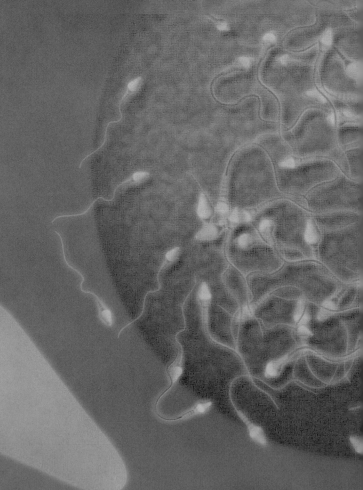

## 各式各樣的變異

原本的鹼基序列

**A T C C A T G C C T**

**置換** A 被替換成 G

**A T C C G T G C C T**

**插入** T 和 C 之間被插進 A 和 G

**A T A G C C A T G C**

**缺失** C 和 T 之間少了 A，缺口被填補

**A T C C T G C C T**

### 修復的過程

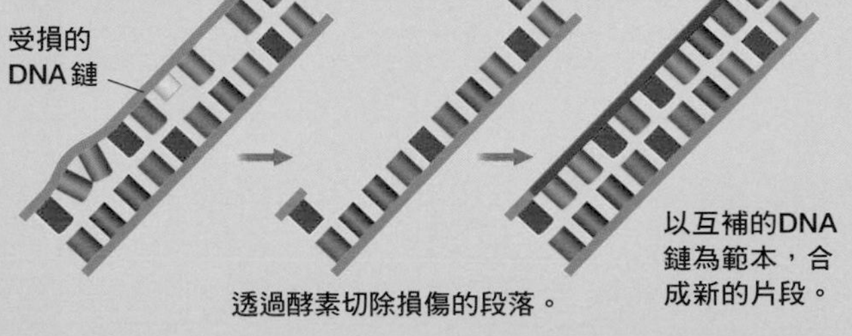

受損的
DNA 鏈

透過酵素切除損傷的段落。

以互補的DNA
鏈為範本，合
成新的片段。

127

# 變化是「演化」的必要條件

　　生物會透過消耗能量，修復基因的損傷。然而，完全沒有損傷，對於生物而言也不一定是好事。

　　一旦基因受損，在多數情況下會出現異常增生的癌細胞，或是製造出與原本不同的蛋白質。但有時也可能因多種變化重疊在一起，反而引發對生存有利的適應性變化。正因為這樣的有利變化一再發生，生物才得以演化至今。所以，若是完全沒有錯誤，生物就失去演化的動力了。

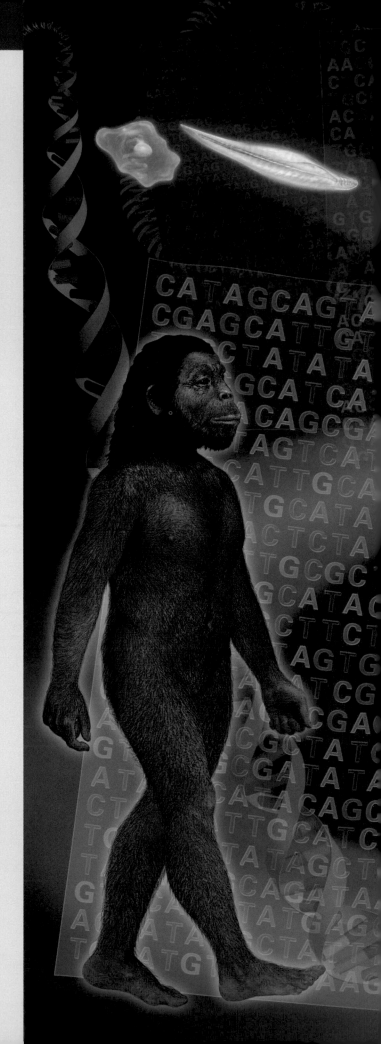

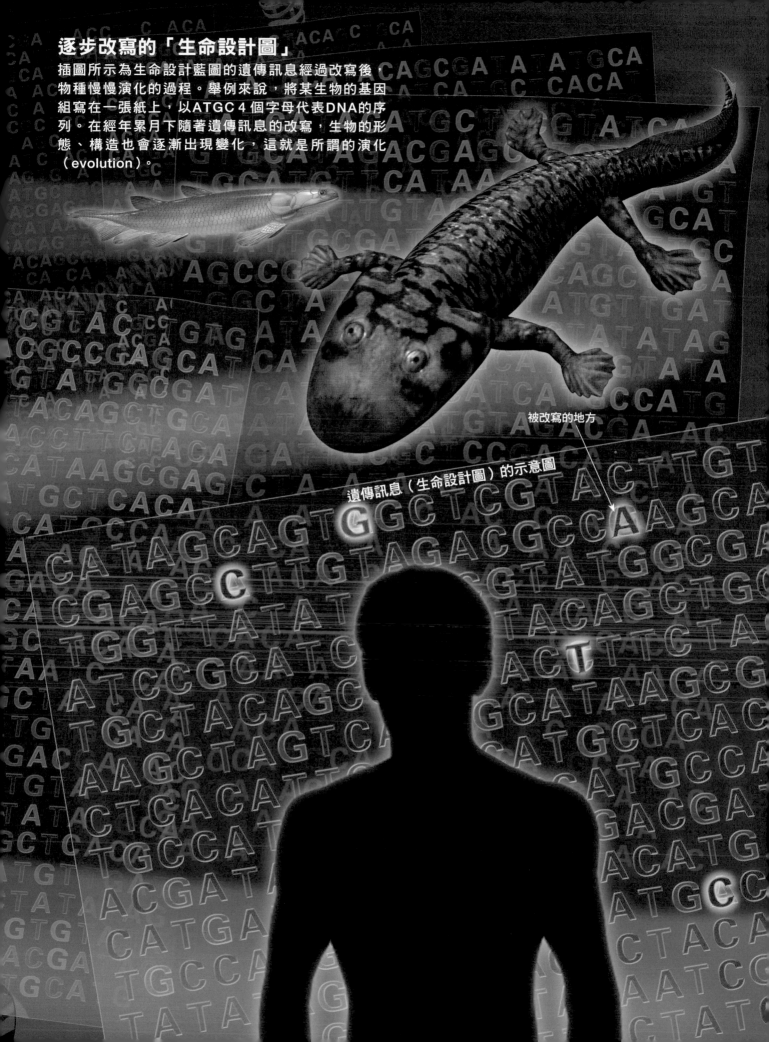

# 逐步改寫的「生命設計圖」

插圖所示為生命設計藍圖的遺傳訊息經過改寫後，物種慢慢演化的過程。舉例來說，將某生物的基因組寫在一張紙上，以ATGC 4 個字母代表DNA的序列。在經年累月下隨著遺傳訊息的改寫，生物的形態、構造也會逐漸出現變化，這就是所謂的演化（evolution）。

被改寫的地方

遺傳訊息（生命設計圖）的示意圖

# 生物壽命長短不同的原因

　　二倍體生物有所謂的壽命，但長短卻各不相同。壽命的長短，究竟是取決於哪些因素呢？

　　DNA是由鹼基排列而成的長鏈狀結構，長鏈的末端有被稱為「端粒」的鹼基序列。人類的端粒是由「TTAGGG」這6個鹼基為一組，並重複排列了近1000組。隨著每次細胞分裂，端粒就會變短，這就是細胞分裂的「計時器」。

　　目前已知細胞的分裂次數與個體的壽命長短有關，所以以往曾將端粒的長度視為決定壽命的因素之一，但事實上並不是如此。因為老鼠只有幾年壽命，端粒的長度卻比人類還長。

　　根據田沼教授的說法，「決定壽命長短的因素，目前仍然沒有明確的答案，但有學者認為原因可能是出在『能量的分配』上」。人類會在修復DNA時消耗大量的能量，相較之下老鼠則是在繁衍時消耗許多能量。所以人類比較長壽的原因，或許是因為將能量集中用於修復DNA的緣故。

### 壽命的長短各不相同

從可以活到170歲的加拉巴哥象龜，到只能活 8 年左右的蜜蜂，生物的壽命長短各不相同。此處引用的壽命數據，都是該種生物目前已知的最長壽命。

出處：《理科年表平成31年》

### 透過分裂增生的生物，能夠永生不死嗎？

渦蟲即便身體被切斷，也能再生成一個新的個體；草履蟲除了分裂增生外，還能藉由與其他個體結合、交換基因來產生新個體；大腸菌則只能透過分裂增生。

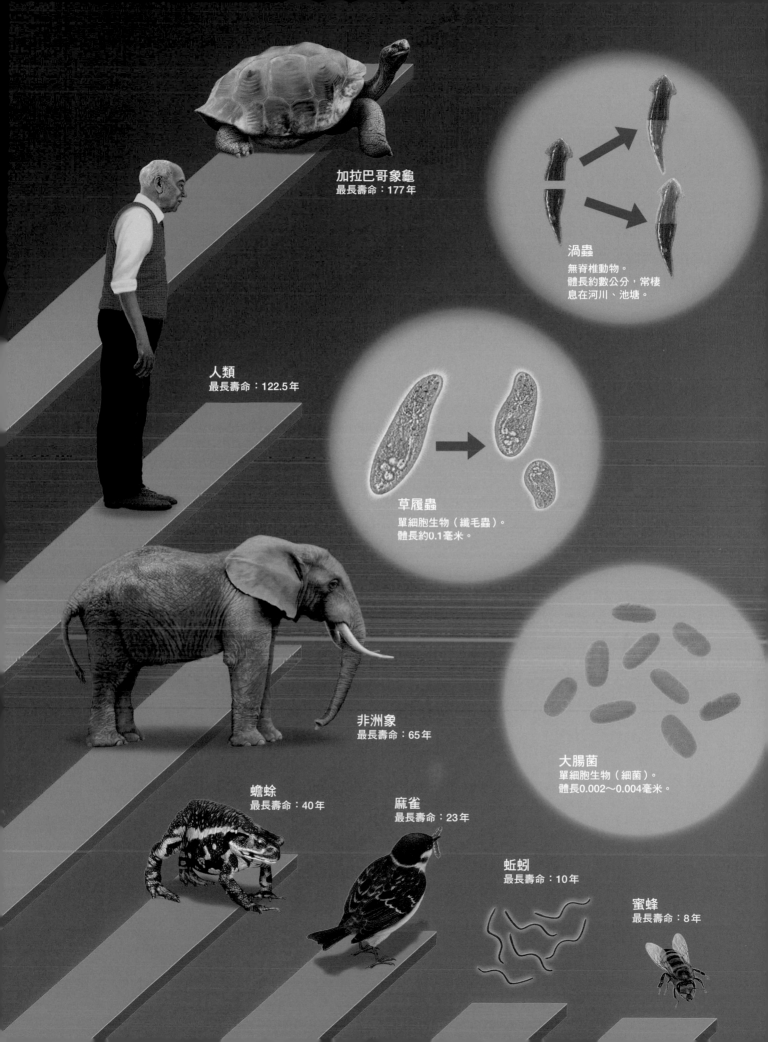

加拉巴哥象龜
最長壽命：177年

渦蟲
無脊椎動物。
體長約數公分，常棲
息在河川、池塘。

人類
最長壽命：122.5年

草履蟲
單細胞生物（纖毛蟲）。
體長約0.1毫米。

非洲象
最長壽命：65年

大腸菌
單細胞生物（細菌）。
體長0.002～0.004毫米。

蟾蜍
最長壽命：40年

麻雀
最長壽命：23年

蚯蚓
最長壽命：10年

蜜蜂
最長壽命：8年

# 人類最多能夠活到幾歲呢？

協助：**小林武彥** 日本東京大學定量生命科學研究所教授

　不只是人類會死，幾乎所有的生物最終也都會死亡。不過，在變形蟲、細菌等原始生物中，的確存在「不死」的生物。為什麼我們無法像原始的生命般永生不死？為何有所謂的「壽命」呢？

　自從「有性生殖」的生物出現後，「壽命」就開始出現上限，這是最為人熟知的說法。如原始的生命般透過「無性生殖」繁殖的生物，繁殖前後的基因基本上並無任何不同。像這樣的生物，要是處於適合自己的生存環境，就能大量增生。相反的，若是棲息環境出現任何變化，都可能導致其迅速滅絕。

### 有性生殖與無性生殖

進行無性生殖的生物，分裂前後的染色體基本上並無不同。另一方面，進行有性生殖的生物，由於小孩從父母雙方各繼承了一半的染色體，因此即使是同種生物，卻具有遺傳的多樣性。

　另一方面，進行有性生殖的生物後代，會繼承來自父母雙方各一半的基因。即使是同種類的生物，只要基因的多樣性越高，就能演化成足以應對環境的變遷。

　在有性生殖中，最大的制約條件是：必須要有雌雄兩性才能繁衍後代。若是反向思考，存活至今的有性生殖生物，都是擅長湊齊雌雄兩性的生物。從結果來看，這類的生物在演化過程中逐步打造了有利於生殖的複雜組織。

　根據熟悉遺傳學的日本東京大學定量生命科學研究所教授小林武彥博士的說法，「想維持複雜的組織是相當困難的。當有性生殖的生物老化到某種程度時，就會因為無法維持組織而面臨死亡」，這也正是壽命有其上限的原因。

　假設某個物種的親代生命可以無限延續，就會出現與子代搶奪食物，有一天將會走上食物消耗殆盡的結局。擁有不因環境變遷而輕易被淘汰的適應能力，以及傳宗接代後會走向死亡的生物，才能順利地延續物種。

## 壽命的極限？

　歷史上明確記載最長壽的人，是一位名叫卡爾門（Jeanne Louise Calment）的法國女性，她出生於1875年、過世於1997年，總共活了122歲。人類壽命的極限據說約為120歲，但這也只是依照至今為止的長壽紀錄所得出的數值。

　依小林教授所言，在影響人類壽命的因素中，環境和遺傳的比例為3：1。「長壽家族」確實存在，但不光是遺傳，相同的生活環境也是很大的影響因子。

※：所謂的平均壽命指的是 0 歲兒的「平均餘命」。日本厚生勞動省發表的「完全生命表」中，記載了各年齡別的平均餘命。

## 能使DNA穩定的SIR2

DNA會纏繞並折疊在一種被稱為「組蛋白」（histone）的蛋白質周圍，當組蛋白的繩狀結構（組蛋白尾端）發生「乙醯化」（acetylation）反應時，會鬆開DNA和組蛋白之間的連結，並趨於不穩定。DNA在此狀態下，不只容易被讀取，也容易受損。SIR2蛋白質會透過引入乙醯化部位（乙醯基）的化學反應，讓組蛋白的結構恢復原狀，使DNA趨於穩定、避免損傷。此外，$NAD^+$與SIR2蛋白質之間的化學反應，能夠增加SIR2的活性。

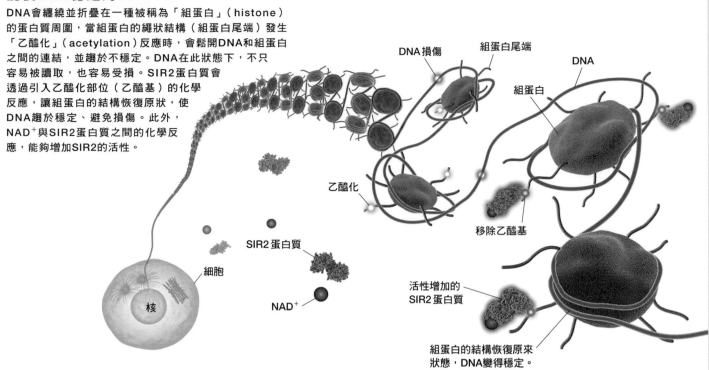

DNA損傷　組蛋白尾端　DNA
組蛋白
乙醯化
移除乙醯基
SIR2蛋白質
細胞
核
$NAD^+$
活性增加的SIR2蛋白質
組蛋白的結構恢復原來狀態，DNA變得穩定。

日本人的平均壽命<sup>※</sup>，男性為81.09歲、女性為87.26歲（2017年的統計數據）。當然也有人活得更長或是更短一些，這些數字充其量只是個「平均值」。小林教授表示：「日本人的壽命，可說已經相當接近人類『生理上的極限』」。日本的衛生環境和營養狀態都很好，也幾乎沒有嬰幼兒會因傳染病或其他疾病而夭折，死亡的年齡大多集中在平均壽命附近。但在衛生條件不佳、因傳染病等疾病造成多人死亡的國家，則看不到這樣的傾向。

### 壽命是否有繼續延長的可能？

人類的生理壽命難道不能再延長了嗎？所謂生理壽命，是指我們的身體器官以及組成器官的細胞可以正常運作的極限。人體的許多部分是透過細胞的新陳代謝不斷更新。但隨著身體老化，細胞汰舊換新的速度也逐漸趨緩，這是因為細胞增生的關鍵「幹細胞」也開始老化的緣故。DNA會因各種原因而受損，進而促使細胞老化。原本細胞具有修復受損DNA的功能，但如果損傷過多或是修復功能越來越低落，這些損傷就會殘留下來。

近年來有「長壽基因」之稱，被認為可能延緩細胞老化的基因很受矚目，其中最著名的就是通稱為「sirtuin」的基因。sirtuin是與DNA穩定性有關的基因。曾有研究以老鼠為實驗對象，發現活化sirtuin中的「SIRT6」後，雄鼠的壽命可增長約15%。

能增強「SIR2」基因活性的「$NAD^+$」成分近年來也相當受到矚目。根據美國華盛頓大學教授今井真一郎博士等人的研究，老鼠在攝取NMN（nicotinamide mononucleotide，菸鹼醯胺單核苷酸）後，體內的NMN轉化成$NAD^+$，因此得出NMN能活化sirtuin的結果。小林教授表示：「可能是老鼠的長壽基因活性較弱，所以才碰巧出現藥效。當然，如果順利，說不定也能延長人類的壽命，但先決條件是必須確認安全性。」

# 後記

協助　養老孟司／島薗 進

你曾經思考過生死嗎？在討論生與死時，每個人的看法應該都不一樣吧！因為生死觀點會受到各種要素的影響，例如成長的環境、文化、宗教、人生經驗、職業等等。

在本章中，分別專訪以解剖學者的身分持續面對死亡的養老孟司博士，以及從宗教學的角度思索生死議題的島薗進教授，由兩位自由表達各自的生死觀點。

**專訪 養老孟司博士**

死亡是無法以科學來
定義的社會性概念

**專訪 島薗 進教授**
現代社會對於「生與死」的看法
出現哪些變化？

# 死亡是無法以科學來定義的社會性概念

經常面對死亡的解剖學者養老孟司博士，認為「死亡是無法以科學來定義的社會性概念」。存在於人類社會的死亡究竟是什麼？以下將從生物演化的死亡、隨著社會變遷的死亡觀念變化等角度來探討死亡。

Galileo —— 養老先生是解剖學的專家，想必經常需要在面對死亡，您認為生死的界線在哪裡呢？

養老 —— 我認為生死的界線是不存在的，或許很多人覺得「活著」與「死亡」之間有條界線，而且該界線的定義適用於每個人。但其實這樣的界線並不存在，也無法定義。因為「活著」、「死亡」都是常用的詞彙，所以才被誤以為有明確的界線。

Galileo —— 因為是常用的詞彙，這句話是什麼意思呢？

養老 —— 以解剖為例，食物進入口中後，會經過食道、胃、小腸、大腸，再從肛門排出。那麼，食道與胃的界線在哪裡呢？小腸與大腸的界線在哪裡呢？消化道是一條長管，並沒有明確的界線。但由於有食道、胃、小腸、大腸這些意思明確的詞彙，才會被誤以為消化道也有明確的界線。

Galileo —— 您剛剛說是因為詞彙導致人們對界線的誤解，有沒有具體實例可以說明生死之間並無界線呢？

養老 —— 舉例來說，一位高齡男性過世後，幾天後端詳他的臉，卻發現鬍鬚變長了。換句話說，這個人已經死了，但一部分的身體仍然活著。這是因為皮膚的細胞依舊在活動。原本以為已經「死亡」，但看起來卻還「活著」，也就代表明確的界線是不存在的。大多數人認為的死亡，與構成人體的細胞的死亡並不是同步進行。

Galileo —— 若將死亡定義為所有細胞都死亡，會比較適合嗎？

養老 —— 不過，構成人體的細胞有數十兆個，並沒有方法能夠確認所有的細胞都已死亡。而且，即便所有的細胞都死了，只要本人還維持可以辨認的外觀，有些人仍會覺得對方尚未離開。科學上很重視獲得所有人的認同，但對於死亡的看法常常因人而異，因此生死的界線、亦即「死亡的瞬間」，在科學上是無法

**養老孟司／Yoro Takeshi**
日本東京大學名譽教授，醫學博士。專攻解剖學，寫作題材跨越許多領域，著有《人為什麼會討厭蟑螂？～腦化社會的生存方式～》、《半生，半死》、《遺言》、《養老訓》、《給認為自己不會死亡的人》、《踹倒死亡的高牆》、《傻瓜的圍牆》等書。

定義的。

## 「器官移植法」中並無明確定義死亡

Galileo —— 如果「生死的界線無法定義」，我們又該如何判斷一個人是「活著」還是「死亡」呢？

養老 —— 這時只能依據醫生開立的死亡證明書了。科學上雖然不存在生死的界線，但從社會的立場，卻有制定界線的必要性。社會須透過法律加以規範，法律條文則以文字來呈現，在法律條文規範下的社會，死亡當然也會用文字來定義。

前面提及消化道是一條長管，因為有食道、胃、小腸、大腸等詞彙，所以才讓人誤以為有界線之分。同樣的，死亡會透過文字來規範說明，也可稱為一種規定。死亡證明書上會填寫死亡時間，但純粹是因為必須清楚劃出法律上的界線。剛剛也說過「死亡的瞬間」並不存在，實際上只是醫生「判斷死亡的時間」。

Galileo —— 醫生判斷死亡的基準是什麼呢？

養老 —— 關於死亡的認定，從以前就有所謂的「三徵候說」。三徵候指的是（1）自主呼吸停止、（2）心臟跳動停止、（3）瞳孔放大，分別為判斷肺功能、心臟功能、腦功能停止的依據。在日本，只要符合這三個徵候的人，就會被視為「死亡」。

不過，這樣的說法在1990年代後半期開始出現動搖，並針對「器官移植法」（與器官移植相關的法律）展開討論。1997年器官移植法施行後，允許從腦死狀態者身上摘取器官，移植給他人。腦死，是指腦功能處於無法恢復的狀態。在器官移植法上路前，只有符合三徵候、判定為死亡的人才能摘取器官，所以目前

也有許多人認為「死亡的定義已經改變」或是「腦死等於死亡」。

Galileo —— 難道是器官移植法修正了死亡定義，所以現在是「腦死等於死亡」嗎？

養老 —— 並非如此。器官移植法中完全沒有「腦死等於死亡」的敘述，只有寫著「可自腦死者的身體摘取器官施行移植手術」[※]。換句話說，透過器官移植法的制定，遵循一定的流程判定腦死後，才能取出器官，用作移植，僅此而已。

Galileo —— 所以並不是在器官移植法中明訂出死亡的定義。

養老 —— 器官移植法中對於死亡並沒有下任何的定義。況且，死亡本來就不是由科學決定，而是存在於人類社會中的概念。

Galileo —— 存在於人類社會中的概念，具體來說是什麼呢？

養老 —— 就是死亡的意義會隨著與對方的關係而改變。關於這點，法國的哲學家楊凱列維奇（Vladimir Jankélévitch，1903～1985）曾將死亡分成「第一人稱的死亡」、「第二人稱的死亡」、「第三人稱的死亡」三種來討論，相當耐人尋味。

## 沒有必要思考自己的死亡

Galileo —— 何謂第一人稱的死亡呢？

養老 —— 就是自己的死亡，但思考這件事的本身並無意義。

Galileo —— 為什麼呢？

養老 —— 因為我們無法自行觀察自己的死亡。科學的基礎在於觀察，無法觀察就等同於不存在。好比一位解剖學者若想了解自己就得解剖自己，這當然是不可能的事。

※：日本器官移植法第六條「可自屍體（包含腦死者的身體）摘取器官施行移植手術」，「腦死者的身體」的定義為「包括腦幹在內的全腦功能，呈現不可逆的停止」。台灣人體器官移植條例第四條也提到「醫師自屍體摘取器官施行移植手術，必須在器官捐贈者經其診治醫師判定病人死亡後為之。前項死亡以腦死判定者，應依中央衛生主管機關規定之程序為之」。

養老博士在沉思後，相當客氣的回答我們的問題。養老博士表示，死亡並無法用科學來定義，而是根據和他人之間的關係，才產生了意義。

最近很流行「終活」一詞，也就是思考自己的身後事，在生前就把身邊的事物做好處理。但死亡之後的事既然無法觀察，那麼擔心也沒有用，活在當下才是最重要的。

Galileo —— 養老先生在思考自己的死亡時，不會感到害怕嗎？

養老 —— 完全不會。你仔細想想，如果死亡是「無法自行觀察」的過程，我們每天晚上的睡眠其實和死亡很接近，但幾乎沒有人會害怕睡覺，也不會花許多時間思考睡眠。因此，自己的死亡、也就是第一人稱的死亡也是同樣的道理。

Galileo —— 所以沒有必要想太多？

養老 —— 沒錯。《論語》也有提及，弟子向孔子問有關死亡之事時，孔子回答：「未知生，焉知死（連活著的道理都還沒弄懂，又怎麼能理解死亡呢）。」別說理解，就連觀察自己的死亡都沒辦法了，也沒有必要過於深入思考。

## 父親，亦即第二人稱的死亡，塑造我的性格與人生

Galileo —— 那麼，何謂第二人稱的死亡呢？

養老 —— 家人或親友的死亡，會對我們造成很大的影響。假設說，我的妻子現在過世了，我或許會不知所措吧！像這類第二人稱的死亡，可能會引起很大的問題。

Galileo —— 到目前為止影響養老先生最深遠的死亡是什麼？

養老 —— 是我父親的死亡，他在我 4 歲的時候因結核病過世了。父親是半夜走的，我當時雖然睡眠惺忪，但那天的記憶仍然歷歷在目。

Galileo —— 具體來說是哪些記憶呢？

養老 —— 那天的天氣很好。父親平常躺臥的床鋪是在房間的後面，但那天移到窗邊，父親半坐臥在床上，母親則在一旁。家裡飼養的文鳥原本停在父親的手上，父親卻將牠放走了。我看到後問說：「為什麼要把牠放走呢？」，但沒有人回答我。長大後問母親，原來那是父親過世當天早上所發生的事。或許父親已經察覺死期將至，卻無法親口告訴自己的兒子，因此才選擇默默不語吧。

像這些第二人稱的死亡，會與前後的記憶、當下的情緒強烈地連結起來。

Galileo —— 與情緒強烈地連結起來，是什麼意思呢？

養老 —— 以我的父親為例，他的枕邊放著一些能發出喀啦喀啦聲響的嬰兒玩具。當時我已經 4 歲了，只有一個姊姊，家裡並沒有適合玩那些玩具的嬰兒。我不解地盯著那些玩具看，父親則對我解釋「因為我無法大聲呼喚，所以得靠著搖晃玩具發出聲響來叫人」。當下我的心裡感到有些顧慮，在嚴肅的氣氛下也不知該不該繼續追問，所以就迴避了。

Galileo —— 小孩子的內心有所顧慮啊。

養老 —— 正確地說，應該是我人生中第一次有這種顧慮的情緒。那段記憶和情緒依舊鮮明，也影響了我的性格和人生。

Galileo —— 怎麼說呢？

養老 —— 舉例來說，我讀國中的時候，幾乎沒有向母親央求過買什麼東西，與什麼都想要的姊姊成了明顯對比。或許是父親過世前的那段記憶，以及當下萌生的感情，已經成為我性格中的一部分了。

我最早的記憶就是父親的死亡。若將我的人生視為從死亡開始，那麼我之所以選擇專攻需要面對死亡的解剖學，其中一個原因或許就是父親的死亡。

像這類親人的死亡，也就是第二人稱的死亡，還活著的人會因為與逝者之間的記憶或情誼而受到極大的影響，我認為這是一種很普遍的社會現象。

## 逐漸增加的「陌生人的死亡」

Galileo —— 剛剛提到的最後一個，第三人稱的死亡又是什麼呢？

養老 —— 是陌生人的死亡，也就是與自己毫無關係的死亡。全世界每分鐘約有100人死亡，但幾乎不會如第二人稱的死亡般影響到自己的情緒或人生。即使在新聞等媒體上看到某某人死亡，心裡也不過是覺得「喔，死了啊」，因為跟自己毫無關係。

Galileo —— 剛剛說明了第一人稱的死亡、第二人稱的死亡、第三人稱的死亡，但您認為現代的日本人是如何看待這些死亡的呢？

養老 —— 我覺得現在接觸到第三人稱的死亡的機會越來越多了，但這不單純是因為電視、網路盛行而導致容易接收到死亡相關新聞的緣故。隨著社會的變遷，人際關係也跟著變化，看待死亡的方式也改變了。

Galileo —— 具體來說是什麼呢？

養老 —— 最近讓我感受到社會變化的是銀行的手續。之前有一次，我到銀行去辦事時，在

櫃檯被要求出示能確認本人的文件，但我並沒有駕照，也沒有攜帶健保卡。我就站在現場，卻無法證明我就是本人。櫃檯的人員也很為難地說：「雖然我知道您是養老先生，但是……」究竟，銀行所要求的本人到底是什麼呢？對當下存在著、活生生的我視若無睹，反而以白紙黑字的文件為優先，這就是目前的社會現況。一直以來，醫生花費在病例和檢查結果數據的時間遠比面對患者的時間多，但這個傾向也慢慢擴及整個社會了。

我還想到一件事，是專訪前我在咖啡廳休息時看到的景象。有兩位客人一邊聊天，一邊看著手機。

Galileo——兩人是面對面坐著嗎？

養老——是的。他們觸目所及的不是活生生的人，而是死板板的文字或畫面。現今職場也有類似的情形，即使上司或同事就在身旁，還是以電子郵件聯絡取代親自對話。

Galileo——這樣的做法能明確知道訊息是否已傳達，也可以減少誤會的狀況。

養老——或許吧，對方的臉色其實是一種無謂的雜訊，所以內心深處會想避開這個干擾。不只對方，有的人說不定把自己也視為雜訊。換句話說，真正想要傳達的只有郵件的內容，自己的存在是完全不需要的。當人們開始認為自己和他人都是雜訊時，人際關係當然也與通訊技術發達以前的狀況完全不同了。

Galileo——這就是養老先生所認為的，因社會變遷而導致的人際關係變化嗎？

養老——沒錯。就如同削除掉自己與他人的存在般，如此一來稱得上親友的人數就會減少，「親近」的程度也會跟著變低。所以才說在現代社會中，第二人稱的死亡變少，但第三人稱的死亡增多了。由於第三人稱的他人陸續增加，受到第二人稱的死亡的影響也相對的減少了。

## 為何會犯下殺人或自殺的案件呢？

Galileo——前面都是以被動者的立場來看，別人的死亡會給自己帶來什麼樣的影響。相反

第一人稱的死亡：
自己本身的死亡。由於自己無法觀察自己的死亡，所以科學上並不存在第一人稱的死亡。

第二人稱的死亡：
家人或親友的死亡。由於與死者之間的記憶和情感十分深厚，所以可能會對自己的性格和人生造成很大的影響。

第三人稱的死亡：
不太親近的人或陌生人的死亡。幾乎不會對自己的性格和人生造成影響。

法國的哲學家楊凱列維奇依照死亡的對象和受影響的程度，將死亡分成「第一人稱的死亡」、「第二人稱的死亡」、「第三人稱的死亡」三種。養老博士認為現代社會中第三人稱的死亡越來越多了。

地，對於積極地招致死亡、亦即殺人或自殺，您有什麼看法呢？

養老——這只是我的推測，由於沒有機會面對其他生物（包含人類）的死亡，所以不瞭解死亡的意義，才會頻繁發生殺人或自殺的事件。我小時候也是毫不在乎地就把蟲子弄死，直到稍微長大才覺得這樣很殘忍，就不再無謂殺生了。但現代社會中，城市裡的小孩連這樣的經驗也很難經歷了。體驗死亡不僅可以理解活著這件事，或許還能察覺到「自然界的生物並不一定都有生存的理由」。

Galileo——「並不一定都有生存的理由」是什麼意思呢？

養老——舉例來說，草和蚯蚓對我們來說沒有任何意義，不管是生是死，都不會引起如第二人稱的死亡般的深遠影響。如果身處這樣的環境中，就會萌生「就算這些都死了也對自己毫無影響，根本就是沒有意義可言的生物，是可有可無的存在」的想法。

請環視一下這個房間，桌子、椅子、原子筆，每一樣東西都有其意義，也可以說是具有存在的必要性。如果周遭盡是這樣的人工物品，應該會覺得所有的東西都有其存在的意義吧。如果再更進一步思考，說不定會萌生沒有意義的東西就算不存在也無妨，或是不可以存在的念頭。如果將矛頭對準別人就是殺人，矛頭對準自己就是自殺了。

## 演化中的生死並不重要

Galileo——如果將視野擴大到生物全體，在演化的過程中生物是如何面對死亡的呢？

養老——最初的生物是由一個細胞所構成的「單細胞生物」，並不像人類一樣分成雄性和雌性，只經由單純的細胞分裂來增生繁殖。由一個細胞分裂成兩個，因此並無新舊的區別，分裂前的個體也不會死亡。

不過，這種方法只能誕生出相同基因組合的個體，當環境驟變就可能全數滅亡，因此後來出現了多細胞生物。多細胞生物會製造出為了繁衍後代而存在的特殊細胞，稱為「生殖細胞」。若以動物來說，就是精子和卵子，擁有其他基因組合的兩個生殖細胞，透過受精讓基因洗牌創造出新的組合。像這樣增加多樣性之後，即使環境變化，也能夠像種子般繼續傳承下去。但是，繁衍後代之後就得面臨邁向死亡的命運。

Galileo——也就是說，包括我們人類在內的多細胞生物都會面臨死亡。生物學上有哪些具體現象可以察覺呢？

養老——老化就是典型的例子，這是一條無可避免的單行道。

Galileo——雖然生物終究要面對死亡，但體內卻備有各種延長生命的結構，這樣的矛盾又該如何解釋呢？

養老——並非「延長個體生命的結構」，而是以「為了繁衍後代的結構」來思考就不會有矛盾了。極端地說，重點不在於個體的生死，該如何繁衍後代才是生物必須面對的問題。

生物學家道金斯（Richard Dawkins）在《自私的基因》中，提及「我們只是基因的生存機器（傳播媒介）」。重要的是基因，傳播媒介（亦即個體的生死）並不重要。想要盡可能延續生命的個體，大概只有人類了吧！

Galileo——您認為人類有可能克服死亡長生不老嗎？

養老——有形之物皆會改變以及滅亡，這是

世間的道理，《平家物語》中「諸行無常」指的就是這個。同樣的敘述，在鴨長明《方丈記》的開頭也能看到。「河水滔滔不絕，但已不是原來的河水。在淤水處浮起的水泡，消失了又再浮起，浮起了又再消失，無法長久停留。世間的人和居處也是如此。」我們也是一樣，構成人體的細胞和分子隨時都在進行新陳代謝。

Galileo —— 細胞和分子的新陳代謝？

養老 —— 我們吃下去的食物會成為身體的一部分。另一方面，身體的一部分會形成尿液等物質排出體外。換句話說，我們從環境中攝取物質，又將物質排到環境中。

但仔細思考，體內與體外的界線又在哪裡呢？正如同沒有生死的界線一般，從廣義來看，人類與環境也沒有界線可言，可以說是交雜混合的狀態。目前存在的生物只是碰巧有固定的外形，其實原本與周圍環境並無區隔，因為細胞和分子隨時都在變化。如果從目前只是剛好擁有生物的外形來看，即便哪天失去了外形，也不過是分解至自然中而已，因此也可以稱得上永遠存在了。

## 深信「自己不會變化」的現代死亡議題

Galileo —— 人類總認為自己與周圍環境是不一樣的，細胞和分子也會維持原狀不會改變。

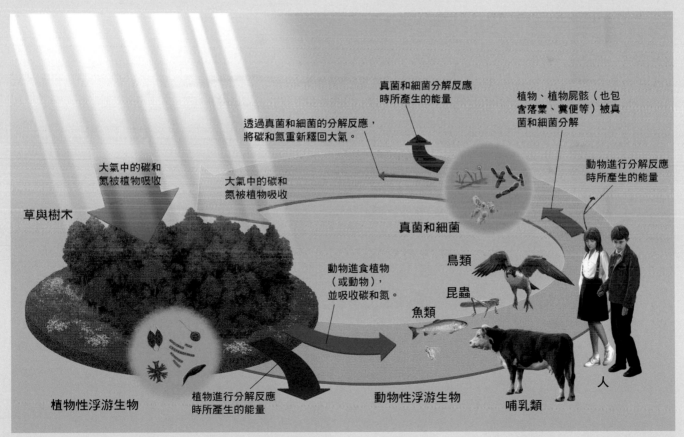

若將焦點放在碳、氮等原子，其實所有的物質隨時都存在於環境之中，只是有時是在人類體內，有時在空氣中或土壤，有時則在別的生物體內。如果以生態系的宏觀視角來看，人類不過是其中的一部分而已，在生態系中構成人體的原子並不會改變，永遠都會存在。

養老 —— 我把這樣的意識表現稱為「資訊化」。這裡的資訊化指的是「不會隨著時間變化的東西」。例如：現在以錄音筆錄下的訪談聲音，經過多年後這些聲音也不會有變化，這就是所謂的資訊。

以前的人就如古籍《平家物語》和《方丈記》中的描述一般，認為自己是會持續變化的。可是現代人卻認為自己、甚至是意識都不會有所改變，也就是說，我們將自身的意識資訊化了。

Galileo —— 認為自己不會變化的想法，也就是資訊化是從什麼時候開始的呢？

養老 —— 我想是肇始於孟德爾（Gregor Mendel，1822～1884）所發現的遺傳定律。在遺傳定律廣為人知以前，遺傳的現象只是一種經驗談，例如紅色和藍色顏料混合後會變成中間色的紫色，以這樣的類比方式來呈現。但是透過遺傳的定律，就可以用數位的遺傳基因來描述生物的身體特徵，這就是生物不會變化、被視為資訊的開端。

Galileo —— 這樣的思考方式在現代社會中更加普遍了？

養老 —— 沒錯。因為電腦的發達，我們的對話或看到的東西都能立即保存下來。置身在這

在談論「死亡」這個深刻的話題時，養老博士心平氣和地訴說著和父親的回憶等等自己身邊發生過的死亡體驗。

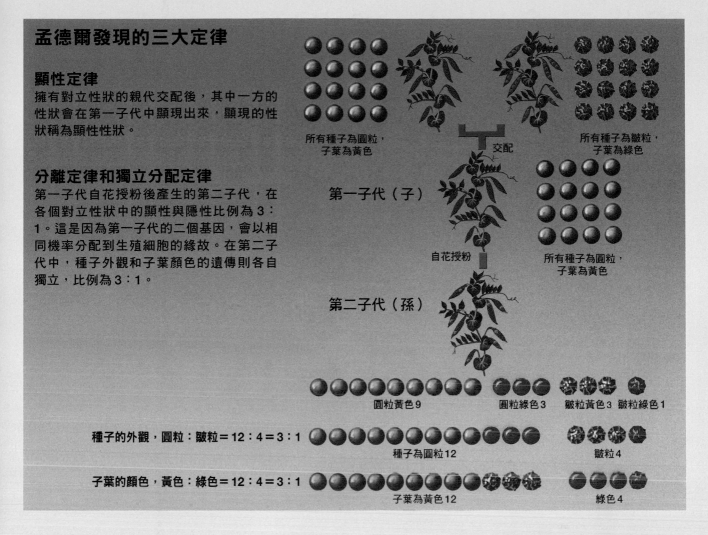

## 孟德爾發現的三大定律

### 顯性定律
擁有對立性狀的親代交配後，其中一方的性狀會在第一子代中顯現出來，顯現的性狀稱為顯性性狀。

### 分離定律和獨立分配定律
第一子代自花授粉後產生的第二子代，在各個對立性狀中的顯性與隱性比例為3：1。這是因為第一子代的二個基因，會以相同機率分配到生殖細胞的緣故。在第二子代中，種子外觀和子葉顏色的遺傳則各自獨立，比例為3：1。

所有種子為圓粒，子葉為黃色

所有種子為皺粒，子葉為綠色

交配

第一子代（子）

自花授粉

所有種子為圓粒，子葉為黃色

第二子代（孫）

圓粒黃色9　　圓粒綠色3　　皺粒黃色3　皺粒綠色1

種子的外觀，圓粒：皺粒＝12：4＝3：1

種子為圓粒12　　　　　皺粒4

子葉的顏色，黃色：綠色＝12：4＝3：1

子葉為黃色12　　　　　綠色4

種不會變化的資訊環境中，也開始以為自己不可能變化，這就是我所說的「資訊化社會」。

Galileo——以前認為「人類會持續變化」，現在則成了「不會變化」的資訊化，這樣的社會對於死亡的想法也會不一樣嗎？

養老——當然。人類原本就會持續變化，但置身在能夠保存、毫無變化的資訊環境中，因而開始萌生出「自己不可能變化」的想法，結果就是對於「自己會死亡」的實際感受越來越薄弱。另外，剛才提及的「第三人稱的死亡」，因社會變遷導致人際關係的改變，第二人稱的死亡減少，但第三人稱的死亡卻增加，所以類似我經歷父親的死亡，造成性格或人生變化的機會也就越來越少。

認為「人類不會變化」的資訊化社會，面對死亡變化之際的認知較為薄弱，或許受到死亡的影響也較少。因此與其說死亡是科學的現象，不如說是社會的現象。

Galileo——死亡不僅是生物學的現象，也可以視為一種社會現象的觀點，的確很耐人尋味。謝謝您接受我們的訪談。　　✑

（撰文：島田祥輔）

# 現代社會對於「生與死」的看法出現哪些變化？

人一出生就註定要走向死亡，每個人都無法避免，面對生與死的態度就稱為「死生觀」。近來因醫療技術、人工智慧（AI）的急速發展，加上人際關係的改變，對於固有的死生觀有何影響呢？關於這點，我們請教了專門研究死生觀的宗教學者島薗進教授。

Galileo ── 出生在承平時代、擁有健康生活型態的人，大多不會意識到死亡這件事。日本人是從什麼時候開始深入探究死生觀呢？

島薗 ──「死生觀」一詞起源於1904年（明治37年），但日本人其實從以前就將「生命是有限的」視為理所當然。

Galileo ── 死生觀一詞，是將「死」放在「生」的前面呢！

島薗 ── 究竟是死生還是生死，每個國家各有不同稱法。台灣和韓國自古就認為生比死來得重要，因此大多使用「生死觀」。

相對於此，日本從江戶時代到明治年間深受武士道的影響。武士道的精神就是隨時準備好面對死亡，所以死生觀的用法較廣為流傳。

Galileo ── 死生觀會依國家不同而有顯著的差異嗎？

島薗 ── 是的，就以西方和亞洲的對照來看吧。西方對於世界或每個人的人生持有「完結」的時間概念，因此傾向將生和死分開來思考，例如活著走向死亡、死亡之後的狀態等等。另一方面，亞洲則認為生者與死亡或死者共存，是一種「循環」的時間概念。因此不把死亡切割開來思考，而是主張生與死可相互替換或是生與死同時存在。

## 根據死生觀的差異，腦死的接受程度也各有不同

Galileo ── 如果每個國家的死生觀都有出入，在醫療相關問題上也會有巨大差異吧？

島薗 ── 沒錯，腦死的問題就是其中一例。1960年代，南非成功完成了世界首例的心臟移植手術。結果，美國的倫理委員會隨即提出了「腦死等於死亡」的定義。

Galileo ── 為何會做出「腦死等於死亡」的定義呢？

島薗 ── 若依照之前判斷生死的基準，等到

**島薗 進／Shimazono Susumu**

日本上智大學研究所實踐宗教學研究科教授，日本東京大學名譽教授。專攻死生學、宗教學、日本宗教史，研究主題包含了近代日本宗教史、國家神道、神道史、民眾宗教論等等。有《理解日本人的死生觀 從明治武士道到「送行者」》、《可以製造「生命」嗎？思考生命科學困境的哲學講義》、《與悲傷共生 悲傷照顧的文化與歷史》等著作。

心臟停止死亡後，可移植的器官也無法使用了。由於必須在心臟保持跳動的狀態下移植器官，所以才將腦死作為死亡的判斷基準。

Galileo —— 換句話說，是為了器官移植而做出腦死等於死亡的定義嗎？

島薗 —— 是的。美國在腦死的問題上接受程度很高，最大的理由之一，來自兩個對美國人極具影響力的思想。

Galileo —— 是什麼思想呢？

島薗 —— 這兩個思想就是笛卡兒（René Descartes，1596～1650）把進行精神活動的腦部與身體分開來思考的「心物二元論」，或者是將身體和靈魂分成兩部分來看的基督教「靈肉二元論」。

Galileo —— 也就是說，這和「負責精神活動的腦部死亡即代表死亡」的說法並不牴觸嗎？

島薗 —— 是的。可是日本並沒有將腦部與身體分開來看的思維，反倒是認為植物、岩石等萬物皆有生命的信仰根深蒂固。換句話說，人類以外能進行精神活動的萬物也都是生命。這與將腦部、身體分開來思考的思想大異其趣。

Galileo —— 若依照日本人自古以來的思想，要將腦死但身體卻還活著的狀態視為死亡，的確很困難。

島薗 —— 此外，美國盛行的基督教信仰所倡導的是助人的利他精神，這也是犧牲自己拯救他人生命的腦死、器官移植觀念容易被接受的理由之一。

況且，日本人總覺得死亡是要在眾人的陪伴之下經歷的事，但判定腦死時是在周圍沒有親人的場所進行，因此日本人也非常抗拒這點。

在眾人陪伴下死亡的話題，我們留待後面再來討論吧。

## 若人體可以再生，生命的尊嚴可能逐漸消失

Galileo —— 剛才提到了器官移植，受惠於現代醫療技術的發達，先前無法挽回的生命也可以救治了。在受到矚目的醫療技術中，再生醫學應該也是其中之一吧？

島薗 —— 再生醫學是一項很厲害的技術，能讓失去的器官或功能再生，有機會治癒原本無計可施的疾病。但另一方面，對於這樣的恩賜該覺得開心嗎？好像又不盡然。

Galileo —— 怎麼說呢？

島薗 —— 所謂人體的部分器官能夠持續再生，追根究柢來說就是永遠都可以修復，亦即生命永無止境。若是這樣，人類至今仍保有「生命有限」的死生觀會慢慢崩解，生命尊嚴的理念也會有巨大的變化。

Galileo —— 您的意思是無法感受到生命的珍貴嗎？

島薗 —— 沒錯。生命的尊嚴不光是指自己的生命，也包含別人的生命尊嚴在內。舉例來說，當再生醫學繼續發展下去，說不定人體就會和可以替換的零件無異。屆時，或許人類就無法再顧及別人的生命尊嚴，而將別人也當成自己身體的道具，甚至把延長自己的性命當成唯一的目的，導致價值觀的扭曲。

## 如果「訂製人類」成為事實，「生命是自然恩賜」的死生觀也會開始動搖

Galileo —— 關於人體變成可以替換的零件，能否再詳細說明一下。

島薗 —— 以基因體編輯的技術為例，透過這項技術能輕易改變生物的基因體。這在改良農作物、畜產的品種或是治療疾病上的成效備受期待，是一項已廣泛使用於植物和動物身上的技術。

　　可是這項技術並沒有運用在人類，尤其是孕育出生的人類嬰兒身上，在大家的認知裡這是一件不應該的事。不過在2018年時，中國的研究團隊進行了相關的實驗，這項實驗也讓原本對於「訂製人類」抱持著謹慎態度的想法受到威脅。

Galileo —— 難道以前都沒有出現過「訂製人類」的想法嗎？

島薗 —— 自古以來人類的基因，會由於發生突變、自然淘汰，以及透過父母的婚姻讓基因洗牌而產生變化。透過操縱婚姻有計畫性地改造人類胚胎的基因，這就是誕生於19世紀的優生學。後來優生學遭到濫用，最具代表性的就是納粹的種族歧視，導致優生學一詞出現負面印象。

　　另外還有「超人類主義」一詞，認為人類的演化可以按照人類自己的計畫來進行。超人類主義主張運用新的科學技術讓人類演化，有些科學家和倫理學者認為並不是一件壞事。

Galileo —— 如果依照基因體編輯或超人類主義的思維，在毫無罪惡感的情況下訂製人類，是否也會影響到死生觀呢？

島薗 —— 在人類至今的死生觀中，存在「生命本身是一種恩澤」的想法。生命是自然的恩

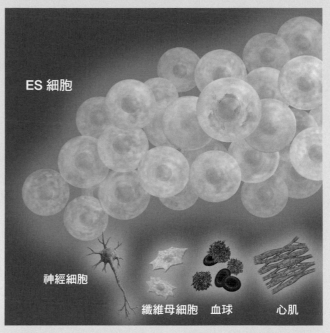

再生醫學的研究相當熱門，例如利用ES細胞、iPS細胞製造出構成人體的各種細胞。目前有部分的疾病，已實際採用將人造細胞植入患者體內的治療方式。今後，應該有更多的疾病都會導入再生醫學的治療。

賜，人類並不是可以被訂製的生物。每一條生命都含有父母和本人無法掌握的要素，有時是恩賜、有時也可能是痛苦，但接受所有的一切，也正是所謂的人生。

　　無法掌握的要素，最極端的例子就是死亡。如果能意識到生命的珍貴，就可以接受死亡以及生命中各種不如預期的事。但若變成篩選、訂製人類的狀況，死生觀也會隨之動搖了。

## 如果人類仿效AI，或許會排除掉痛苦、脆弱、悲傷等感覺

Galileo —— 再生醫學、基因體編輯等對人類有極大助益的醫療技術，從死生觀的角度來看也是有令人擔心的問題呢。

島薗 —— 不只是醫療技術，最近已深入人類社會的人工智慧（AI）也有必須留意的問題。

Galileo —— 怎麼說呢？

島薗 —— 現在的AI只要人類下達特定的指令，就能找出最有效率的方法，做到與人類同樣、甚至超越人類能力的成果。如果AI能取代人類的工作，我們的生活也會變得更加便利吧。可是當AI越深入生活，以效率為導向的AI思考模式在社會中蔓延，人類是否也會出現如同AI的思考模式呢？

Galileo —— 如果人類開始仿效AI，會出現什麼樣的狀況呢？

島薗 —— 人類會有疼痛、疲累、傷心、苦惱等感受，可是AI不會。原本擁有疼痛、脆弱、悲傷等情緒的人類，如果仿效起沒有這些情緒的AI，就可能逐漸排除掉這些感覺。如此一來，也無法對別人的痛苦感同身受了。

Galileo —— 社會氛圍也會變得冷漠吧。

島薗 —— 後面也會提到，像這類疼痛、脆弱、悲傷的情緒，是人類在面臨親友的死亡或喪失事物時會有的反應，也是成長過程中非常重要的一環。

## 死亡能教會我們互相扶持的重要性

Galileo —— 前面聽教授說明了醫療、AI等技術的進步，會對死生觀帶來威脅。

島薗 —— 這些技術有益於人類是毋庸置疑的，並不需要畏懼科學技術的進步。但思考死生觀時，就不得不正視某些背後的問題了。

其實，醫療技術的進步也會為死生觀帶來一些好的影響。

Galileo —— 是什麼影響呢？

島薗 —— 舉例來說，到我現在這把年紀，並不會覺得死亡很恐怖。而且我的父母親在60多歲時，也已經明確地表示「不要施行維生治療」。這是30多年前的事了，如今回想起來，對於那個年代的人來說，死亡或許是一件痛苦、難過、令人害怕的事。現代的安寧緩和醫療十分進步，減輕了不少死亡的痛苦，因此像以前那樣恐懼死亡的人也變少了吧。

Galileo —— 的確，跟現在相比，以往與癌症奮戰的瀕死狀態，大多給人痛苦的印象。

那麼，現代人在面對自己的死亡時會有什麼樣的情緒呢？

島薗 —— 或許會覺得寂寞或悲傷吧？死亡是一種離別，再也無法見到原本熟悉的家人、朋友、伙伴。我們因為失去彼此之間的連結而感到寂寞、悲傷。除了即將死亡的本人以外，周遭的旁人也會有此感受。

Galileo —— 的確是這樣。

島薗 —— 剛剛提到會失去彼此之間的連結，但日本人普遍認為生者的世界與死者的世界相連、能夠互通心意。從經常去掃墓、舉辦迎接祖先亡靈回家的盂蘭盆節等文化可見一斑。

此外，當夢見故人、接觸到故人相關的物品或場所時，有時會突然想起「對了，過世的父親曾經說過這樣的話」等回憶。

Galileo —— 沒錯，有時比起還健在的人，想起故人的場合似乎比較多呢。

島薗 —— 生者與死者的連結，還有像是「迎接現象」或「離別現象」等更為強烈的體驗。

Galileo —— 那是什麼？

島薗 —— 「迎接現象」是指快要離世的人，會見到其他人所看不到之物，例如親眼見到或是感覺到已過世的家人、朋友的現象。

Galileo —— 真是不可思議的體驗，但應該很

少見吧？

島薗──倒也不盡然。2007年於宮城縣從事安寧照護工作的岡部健先生，針對約700位曾經手照護的患者家屬做了有關迎接現象的問卷調查。結果，有約半數的家屬都回答病人在往生前經歷過迎接現象。

Galileo──原來有這樣的調查結果啊，那離別現象又是什麼呢？

島薗──是指當親人或自己疼愛的動物臨終時，會看到亡者的身影或是感覺到就在身旁的現象。

我曾有過這種體驗，飼養在老家的狗在半夜三點左右過世了，當時我姊姊住在離老家約一小時車程、禁止飼養寵物的公寓4樓，但卻在狗離開那天的半夜時段聽到了狗叫聲。這也可以稱為是「離別現象」。

雖然有學者試著從腦科學的角度來說明該現象，但真的能解釋這一切嗎？

Galileo──若照島薗教授所言，生者與死者的世界是相連的，那麼面對親人的離世或許就不會太難過了。

島薗──可是，生者與死者之間確實是失去了連結啊，死亡仍然是一件讓人悲傷的事。

Galileo──在面對死亡的過程中，我們能學習到什麼嗎？

島薗──可以學到很多。首先，能體認到生命是有限與珍貴的價值觀，與故人的離別則可感受到寂寞和悲傷的情緒。透過這些價值觀和情緒，讓脆弱的人類逐漸理解相互扶持的重要性。領悟人生什麼才是最珍貴的事，也是只有從人的生命中才能得到的體會。

由於現今醫療技術的發達，當人類越能克服

有些說法認為，臨終前見到故人的「迎接現象」，以及過世之際看到故人的「離別現象」（島薗教授的稱法），是在生者與死者還保持緊密連結的情況下所產生的。

死亡的威脅，以往人類社會固有的「生命有限」的死生觀就會變得薄弱了。此外，隨著AI不斷深入我們的生活中，痛苦、脆弱、悲傷等人類特有的情緒說不定也會慢慢消失。如此一來，我擔心人與人之間相互扶持的感覺就更難萌生了。

Galileo —— 雖然自己的死亡與親友的死亡都會讓人痛苦、悲傷，但也教會了我們生命中最重要的事。

## 墓地和葬禮形式的變化以及日本人的死生觀

Galileo —— 從前面的訪談中已知日本人的死生觀，跟其他的國家相比有明顯的特徵，但現代日本人的死生觀又是如何呢？

島薗 —— 這20～30年來有很大的變化，尤其墓地和葬禮形式的差別最為顯著。

日本自明治時代以來，「先祖代代之墓」、「以家族、親屬為中心的葬禮」等形式已經根深蒂固。每個人都是透過這樣的墓地和葬禮形式，感受到生者與死者之間的連結。同時，當自己哪天走到人生終點時，也會以這種方式啟程到下一個世界。我想這也提供了人們某種程度的安心感吧。

Galileo —— 這樣的形式出現了什麼變化呢？

島薗 —— 首先是墓地的變化，現在已不再放進歷代祖先的家墓，而改以樹葬、自然葬、放置納骨塔的埋葬方式較為盛行，喪葬的儀式也簡化了許多。從某個世代開始，人們不再對於是否放進歷代祖先的家墓斤斤計較，檀家制度（江戶時期興起的制度，規定每個人從出生、搬遷、嫁娶到死亡，都必須向所屬寺院申報登記）逐漸消失，因此也開始對在寺院舉行葬禮感到排斥。

Galileo —— 為什麼會出現這樣的變化呢？

島薗 —— 2010年冒出了「無緣社會」一詞，指的是人與人之間的關係疏離、零碎分散的現象。人們隸屬於某個團體、在團體中生活的感覺越來越貧乏，與家人、親屬間的連結感也變得淡薄，每逢過年、盂蘭盆節等齊聚一堂的機會也少了。取而代之的則是，每個人和各式各樣的地方都有連結，但是與互相認識的人卻都沒有深入的交流。

Galileo —— 好像的確是這樣。

島薗 —— 人與人之間的連結變得淡薄，了解彼此心意的機會減少，年輕人逐漸無法理解、難以認同為何一定要放進歷代祖先的家墓，或是非得遵循過往的葬禮形式不可？因此，才會出現了和以前不一樣的埋葬方式。同時，也造成年輕人不再向祖父母、父母等長輩詢問或討論死生觀。

Galileo —— 那麼，如今年輕世代的死生觀是什麼呢？

島薗 —— 由於缺乏共有的死生觀，所以他們必須重新打造自己的死生觀。不過，因為找不到答案而苦惱不已的人也不少。

## 以積極的態度思考死亡，找出自己認同的死生觀

Galileo —— 您是指，年輕人正在試圖尋找自己的死生觀嗎？

島薗 —— 其實從20世紀後半開始，日本人討論死亡的機會變少了。人們大多在醫院過世而非自己家中，較難有機會體驗死亡也是其中的

在堆滿死生與宗教書籍的研究室裡，談論著各種觀點及現代日本人死生觀的島薗教授。

理由之一，因此成了不思考死亡、也不談論死亡的時代。不過，自從1970年代安寧療護運動興起，正視死亡、思考死亡的風氣也在全世界蔓延開來。

Galileo —— 最近好像也出現了專門談論死亡話題的「Death Cafe」等場所呢。

島薗 —— 在積極思考死亡的潮流中，也包含了回歸宗教的要素在內。雖然有的人是純粹從科學的角度思考死生觀，但我認為在思考死生觀時也應該重新審視宗教。當我們思考有限的生命、與他人有所連結的死亡時，自然就會觸及宗教的觀點與禮儀。

　　舉例來說，在40～50年前的開羅，配戴面紗的穆斯林女性有逐漸減少的趨勢。可是到了2000年，我在開羅的大學卻發現幾乎所有的大學生都戴著面紗。配戴面紗也代表對伊斯蘭教的虔誠，這些回歸宗教信仰的趨勢在基督教、猶太教的世界以及日本都看得到。

Galileo —— 也就是說，現在年輕人雖然排斥從前的死生觀，但也開始積極地透過宗教尋找自己的死生觀了。

島薗 —— 思考死亡，也代表找到自己的安身立命之處。大多數的年輕人，認為有必要找到自己認同的死生觀，並且能向別人表達出來。一個人的死生觀會持續變化，我衷心希望未來走向能夠明確地向別人陳述自己的死生觀、價值觀，並與他人建立連結的時代。

Galileo —— 謝謝您的精闢見解，讓我們得以重新正視生死課題的重要性。　　　　🪐

本書從人工智慧的基本機制到最新的應用技術，以及AI普及所帶來令人憂心的問題等，都有廣泛而詳盡的介紹與解說，敬請期待。

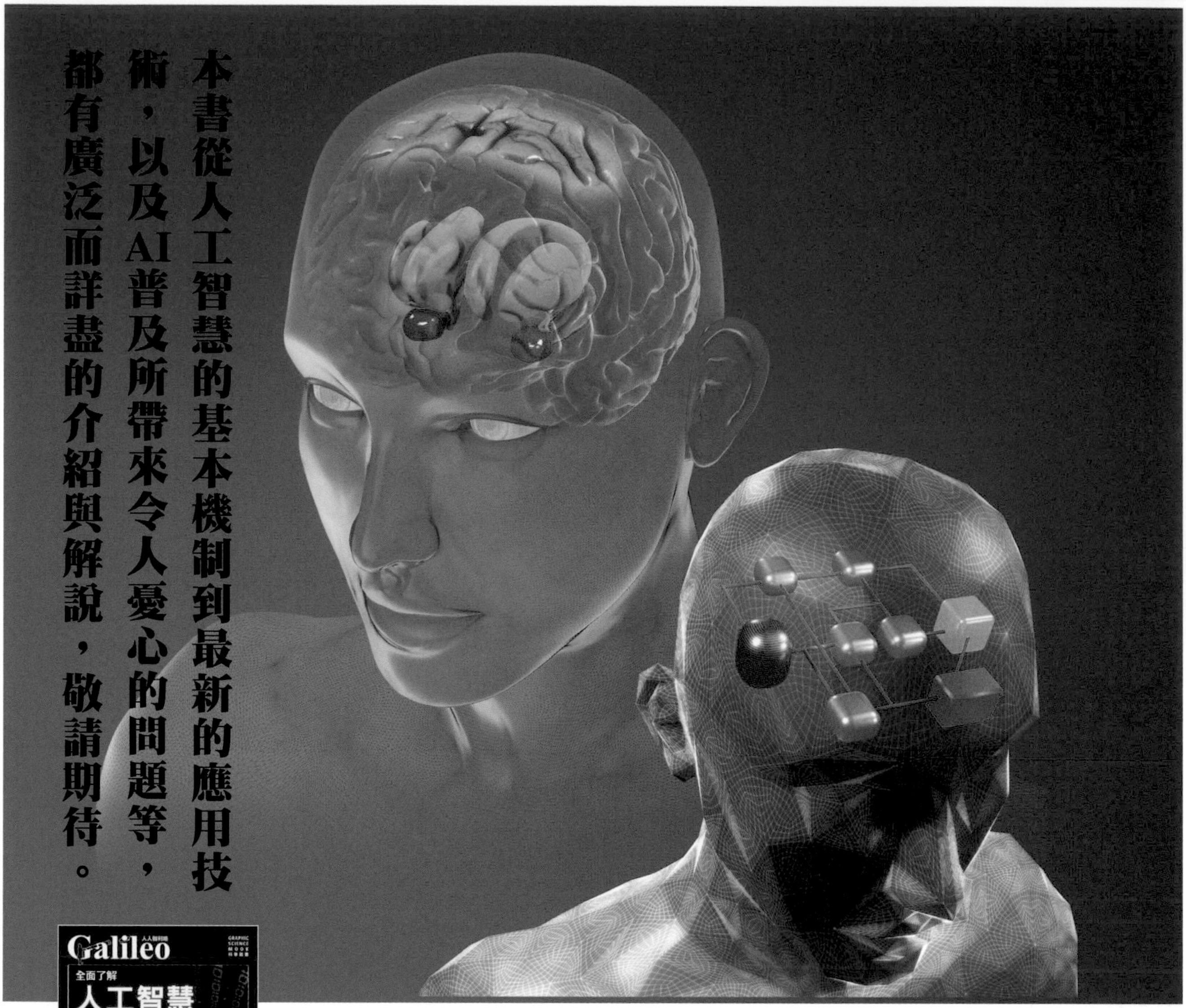

人人伽利略 科學叢書 05

# 全面了解人工智慧

從基本機制到應用例，以及人工智慧的未來

售價：350元

在我們的生活中，「人工智慧」（AI）逐漸普及開來。人工智慧最聰明的地方就是能夠使用「深度學習」、「機器學習」這些劃時代的學習方法，從大量的資料中學習到物體的特徵以及概念。AI活躍的場所也及於攸關性命的領域，像是在醫院的輔助診斷、自動駕駛、道路和橋梁等基礎建設之劣化及損傷的檢查等等。

人工智慧雖然方便，但是隨著AI的日益普及，安全性和隱私權的問題、人工智慧發展成智力超乎所有人類的「技術奇點」等令人憂心的新課題也漸漸浮上檯面。

本書從人工智慧的基本機制到最新的應用技術，以及AI普及所帶來令人憂心的問題等，都有廣泛而詳盡的介紹與解說，敬請期待。

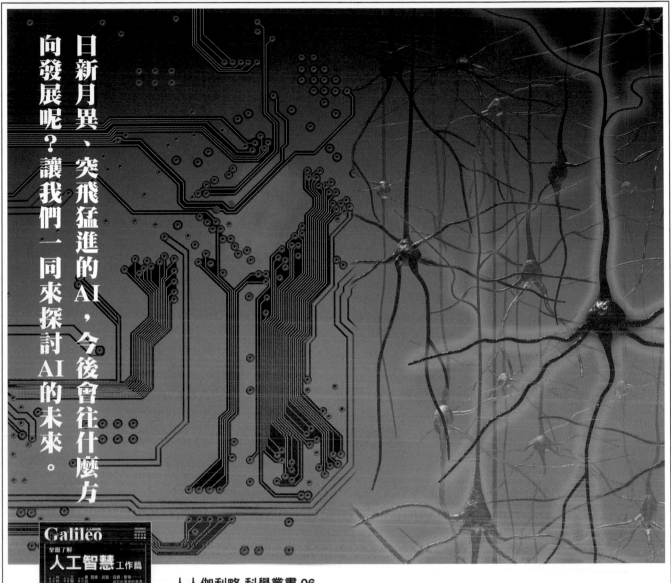

日新月異、突飛猛進的AI，今後會往什麼方向發展呢？讓我們一同來探討AI的未來。

人人伽利略 科學叢書 06

## 全面了解人工智慧　工作篇

售價：350元

醫療、經營、投資、藝術……，AI在社會上扮演的角色愈來愈多元

　人工智慧（AI）的活躍情形至今方興未艾。

　讀者中，可能有人已養成每天與聲音小幫手「智慧音箱」（AI speaker）、「聊天機器人」（ChatBot）等對話的習慣。事實上，目前全世界各大企業正在積極開發的「自動駕駛汽車」也搭載了AI，而在生死交關的醫療現場、災害對策這些領域，AI也摩拳擦掌的準備大展身手。

　另一方面，我們也可看到AI被積極地引進商業現場。從接待客人及銷售分析，到企業的召募新人、投資等等也開始使用AI。在彰顯人類特質的領域，舉凡繪畫、小說、漫畫、遊戲等藝術和娛樂領域，也可看到AI的身影。

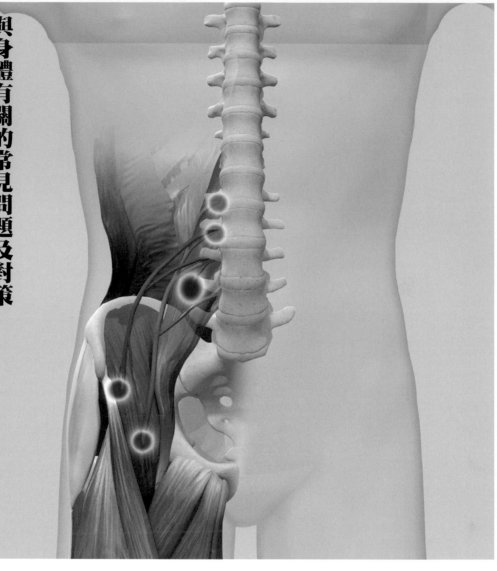

生活中常見的生理現象機制
不要被迷信誤導的科學知識
令人困擾的體質機制以及改善方法
身體內不可思議的感覺機制
與身體有關的常見問題及對策

人人伽利略 科學叢書 07

## 身體的科學知識 體質篇

與身體有關的常見問題及對策

售價：400元

　　究竟您對自己身體的機制了解多少呢？例如為什麼會健忘？或者為什麼會「打哈欠」和「打嗝」。「痣」和「皺紋」又是如何形成的？又為什麼會有「指紋」以及身體會有左右不對稱的現象呢……？當我們懷著孩提時代的好奇心，再重新思考人體的種種，腦海中應該會出現無數的「？」。

　　本書嚴選了生活中與我們身體有關的50個有趣「問題」，並對這些發生機制和對應方法加以解說。只要了解身體的機制和對應方法，相信大家更能與自己的身體好好相處。不只如此，還能擁有許多可與人分享的「小知識」。希望您在享受閱讀本書的同時，也能獲得有關正確的人體知識。

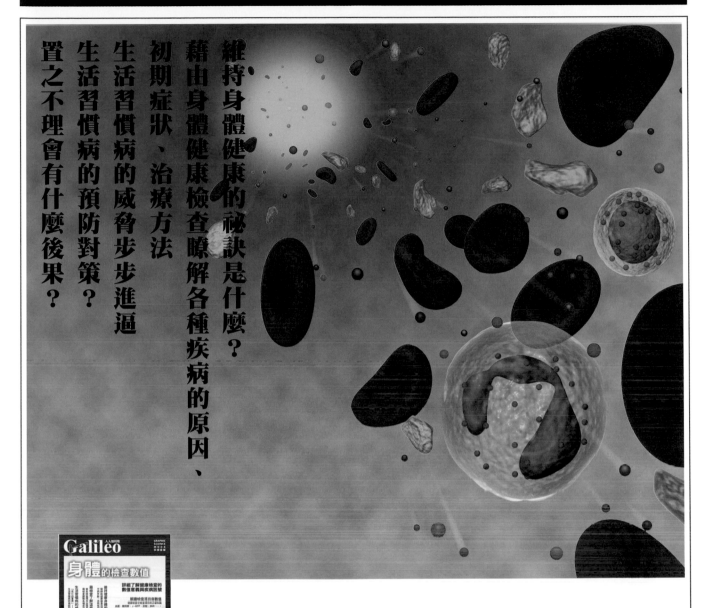

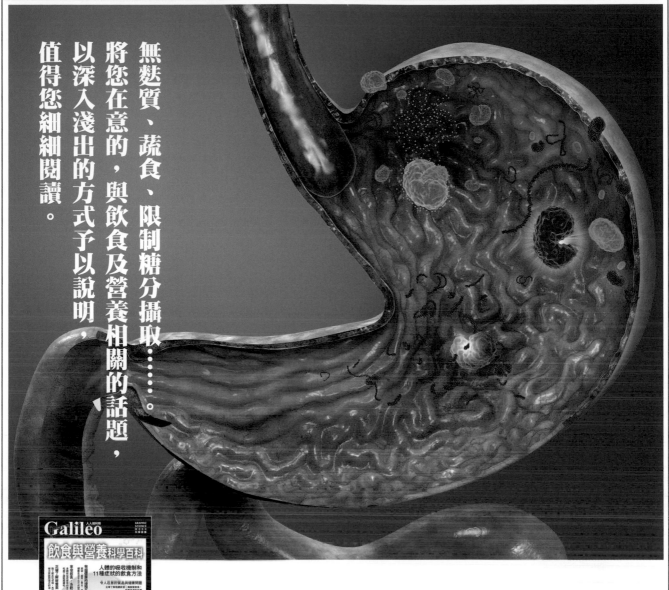

【 人人伽利略系列 16 】

# 死亡是什麼？
## 從生物學看生命的極限

作者／日本Newton Press
執行副總編輯／賴貞秀
編輯顧問／吳家恆
翻譯／許懷文
編輯／曾沛琳
商標設計／吉松薛爾
發行人／周元白
出版者／人人出版股份有限公司
地址／231028 新北市新店區寶橋路235巷6弄6號7樓
電話／（02）2918-3366（代表號）
傳真／（02）2914-0000
網址／www.jjp.com.tw
郵政劃撥帳號／16402311 人人出版股份有限公司
製版印刷／長城製版印刷股份有限公司
電話／（02）2918-3366（代表號）
經銷商／聯合發行股份有限公司
電話／（02）2917-8022
第一版第一刷／2020年8月
定價／新台幣380元
　　　港幣127元

國家圖書館出版品預行編目（CIP）資料

死亡是什麼？：從生物學看生命的極限
日本Newton Press作；許懷文翻譯. -- 第一版. --
新北市：人人, 2020.08
面；公分. —（人人伽利略系列：16）
譯自：死とは何か
ISBN 978-986-461-223-9（平裝）
1.生命科學 2.人體生理學 3.老化 4.死亡
361　　　　　　　　　　　　　　109010060

## Staff

| Editorial Management | 木村直之 |
| --- | --- |
| Editorial Staff | 遠津早紀子 |

## Photograph

| | | | | | |
| --- | --- | --- | --- | --- | --- |
| 2 | Robert Przybysz/shutterstock.com, Olena Yakobchuk/shutterstock.com | 61-61 | pixelaway/Shutterstock.com | 135 | 安友康博/Newton Press, 安友康博/Newton Press |
| 3 | 安友康博/Newton Press, 安友康博/Newton Press | 67 | Bloomberg/Getty Images, CC0 1.0 Universal | 137 | 安友康博/Newton Press |
| 5 | Robert Przybysz/shutterstock.com | 72-73 | 旭化成ゾールメディカル | 139 | 安友康博/Newton Press |
| 22-23 | polya_olya/shutterstock.com | 76 | Science Photo Library/アフロ | 144 | 安友康博/Newton Press |
| 24-25 | Olena Yakobchuk/shutterstock.com | 76-77 | Science Photo Library/アフロ | 147 | 安友康博/Newton Press |
| 32-33 | DW2630/shutterstock.com | 78-79 | Photographee.eu/shutterstock.com | 151 | Ure/shutterstock.com |
| 34-35 | Robert Przybysz/shutterstock.com | 80-81 | Roman Mikhailiuk/shutterstock.com | 153 | 安友康博/Newton Press |
| 40-41 | PhimSri/shutterstock.com | 85 | IMAGNO/アフロ | 159 | Roman Mikhailiuk/shutterstock.com |
| 51 | 岸千絵子 | 86 | Science Source/アフロ | | |
| | | 120-121 | Rattiya Thongdumhyu/shutterstock.com | | |

## Illustration

| | | | | | |
| --- | --- | --- | --- | --- | --- |
| Cover Design | デザイン室 宮川愛理（イラスト：Newton Press） | | Modeling into Professional Animation Software Environments. Structure 19, 293-303) と MSMS molecular surface(Sanner, M.F., Spehner, J.-C., and Olson, A.J. (1996) Reduced surface: an efficient way to compute molecular surfaces. Biopolymers, Vol. 38, (3),305-320 ] を使用して作成) | 82-83 | Newton Press |
| 2 | Newton Press, Newton Press（BodyParts3D, Copyright© 2008 ライフサイエンス統合データベースセンター licensed by CC表示－継承2.1 日本 (http://lifesciencedb.jp/bp3d/info/license/index.html) を加筆改変） | | | 86 | Newton Press |
| | | | | 88 | 加藤愛一 |
| | | | | 90 | Newton Press |
| 3 | Newton Press（BodyParts3D, Copyright© 2008 ライフサイエンス統合データベースセンター licensed by CC表示－継承2.1 日本 (http://lifesciencedb.jp/bp3d/info/license/index.html) を加筆改変),Newton Press | 57 | Newton Press（BodyParts3D, Copyright© 2008 ライフサイエンス統合データベースセンター licensed by CC表示－継承2.1 日本 (http://lifesciencedb.jp/bp3d/info/license/index.html) を加筆改変） | 92～101 | Newton Press |
| | | | | 103～113 | Newton Press |
| | | | | 114-115 | 木下真一郎・Newton Press（PDB ID: 1SGZ, 1MWP, 1IYT, 5FN2 を元にそれぞれ作成） |
| 6～20 | Newton Press | 58-59 | Newton Press | 116～119 | Newton Press |
| 21 | 髙島達明・Newton Press | 61 | Newton Press | 121～132 | Newton Press |
| 26～31 | Newton Press | 62-63 | Newton Press（BodyParts3D, Copyright© 2008 ライフサイエンス統合データベースセンター licensed by CC表示－継承2.1 日本 (http://lifesciencedb.jp/bp3d/info/license/index.html) を加筆改変） | 133 | Newton Press [PDB ID: 1ICI を元に ePMV(Johnson, G.T. and Autin, L., Goodsell, D.S., Sanner, M.F., Olson, A.J. (2011). ePMV Embeds Molecular Modeling into Professional Animation Software Environments. Structure 19, 293-303) と MSMS molecular surface(Sanner, M.F., Spehner, J.-C., and Olson, A.J. (1996) Reduced surface: an efficient way to compute molecular surfaces. Biopolymers, Vol. 38, (3),305-320) を使用して作成] |
| 36～37 | Newton Press | | | | |
| 38 | 木下真一郎 | | | | |
| 39 | Newton Press | | | | |
| 42～46 | Newton Press | 64～66 | Newton Press | | |
| 47 | 荻野瑶海 | 68-69 | Newton Press（BodyParts3D, Copyright© 2008 ライフサイエンス統合データベースセンター licensed by CC表示－継承2.1 日本 (http://lifesciencedb.jp/bp3d/info/license/index.html) を加筆改変） | | |
| 48-49 | 黒田清桐 | | | 141 | デザイン室 羽田野々花 |
| 50～53 | Newton Press | 70-71 | Newton Press | 143 | Newton Press |
| 54-55 | Newton Press（PDB ID: 3DU6 を元に ePMV [Johnson, G.T. and Autin, L., Goodsell, D.S., Sanner, M.F., Olson, A.J. (2011). ePMV Embeds Molecular | 74-75 | Newton Press | 145 | 小林 稔 |
| | | | | 149 | Newton Press |